패턴 활용을 중심으로 한
의복구성

CLOTHING CONSTRUCTION
and PATTERN MAKING

패턴 활용을 중심으로 한
의복구성

천종숙 | 오설영 지음

교문사

PREFACE

아름다운 디자인의 여성복 제작 기술을 배우고자 하는 기대를 가지고 패턴메이킹과 의복구성의 분야를 탐색하는 독자들에게 친절한 가이드가 되길 소망하며, 이 책을 크게 2개의 파트로 구성하였습니다. 파트 1에서는 패턴메이킹 방법에 대해 설명하였고, 파트 2에서는 의복의 제작 방법을 설명하였습니다.

파트 1의 내용에는 기본 원형 제도 방법, 다트를 활용하여 바디스 패턴의 디자인을 변형시키는 방법을 포함하였습니다. 또한 다양한 디자인의 칼라, 소매, 스커트와 팬츠 제도 방법을 기초부터 설명하였으며, 샘플 사진을 함께 제시하여 독자들이 쉽게 학습할 수 있도록 구성하였습니다. 이외에도 완성도 높은 패턴메이킹 기술을 전달하기 위하여 완성된 패턴과 패턴에 맞는 곡자 사용 방법을 제시하였습니다.

패턴 제도 시 독자들이 겪게 될 것으로 예상되는 궁금증을 해소시키기 위하여 가능한 한 자세히 설명하고자 노력하였으나 부족한 부분이 있을 수 있다고 생각되며, 그러한 부분은 다음 기회에 보완하도록 할 예정입니다.

파트 2에서는 앞에서 설계한 패턴 제작 기술을 활용하여 셔츠와 스커트를 실제로 제작하는 방법을 설명하였습니다. 현재 시중에 유행하는 다양한 스타일의 여성복들이 바느질 방식이 단순하거나 생략되어 생산되는 경향이 있으나 의복구성학도들이 계승하고 익혀야 할 기본적인 의복 제작 기술을 학습하는 자료로 활용하기를 바라는 마음에서 다소 어려운 요소들이 포함된 셔츠와 스커트 디자인을 선택하여 패턴 제도 방법과 재단 및 바느질 방법을 단계별로 설명하였습니다. 또한 각 단계별 봉제방법은 실제 봉제과정의 사진을 넣어 구체적으로 제시하였습니다.

끝으로, 책이 완성되기까지 도움을 주신 많은 분들께 진심으로 감사의 마음을 전합니다. 이 책이 완성되기 까지 관심을 가지고 기다려주신 교문사의 류제동 회장님과 편집을 통해 책의 완성도를 높여주신 교문사 편집부 여러분들께 감사드립니다. 사진촬영에 큰 도움을 준 연세대학교 인체공학 의류패턴설계 연구실의 김경옥, 김현숙, 김민선 연구원들에게도 진심으로 감사드립니다.

2018년 3월
저자 일동

CONTENTS

5

6

1

PART 1

패턴 디자인

PATTERN

DESIGN

PATTERN DESIGN

1. 인체 측정 기준점 및 측정 부위

• 기본적인 속옷을 착용한 상태에서 줄자를 이용하여 측정한다.
• 인체 측정은 인체 기준점을 피부에 표시한 후 실시한다.

❶ 인체 측정 기준점

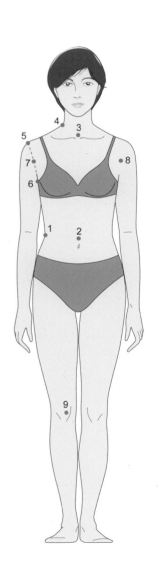

1 허리옆점 : 몸통의 오른쪽 옆 윤곽선에서 가장 들어간 곳(또는 열째 갈비뼈점과 엉덩뼈능선점 사이 거리의 1/2 위치)

2 허리앞점 : 허리옆점(1) 높이를 앞정중선 상에 표시한 것

3 목앞점 : 목밑둘레선에서 앞정중선과 만나는 곳

4 목옆점 : 목밑둘레선에서 등세모근의 앞쪽 가장자리와 만나는 곳

5 어깨가쪽점 : 위팔 폭을 이등분하는 수직선과 겨드랑둘레선이 만나는 곳

6 겨드랑앞점 : 겨드랑점(18)의 수평선을 팔의 앞쪽에 표시한 것

7, 8 겨드랑앞벽점–오른쪽, 왼쪽 : 어깨가쪽점(5)와 겨드랑앞점(6) 사이 거리의 중간 위치

9 무릎뼈가운데점 : 무릎뼈의 가운데

10 허리뒤점 : 허리옆점(1) 높이를 뒤정중선 상에 표시한 것

11 목뒤점 : 일곱째 목뼈 가시돌기의 가장 뒤로 만져지는 곳(머리를
　 숙인 상태에서 둘째 손가락으로 가장 튀어나온 목뼈를 만지면서
　 천천히 고개를 들어 머리가 바로 되었을 때의 위치)

12 겨드랑뒤점 : 겨드랑점(18)의 수평선을 팔의 뒤쪽에 표시한 것

13, 14 겨드랑뒤벽점–오른쪽, 왼쪽 : 어깨가쪽점(5)과 겨드랑뒤점(12)
　　　 사이 거리의 중간 위치

15 등뼈위겨드랑 수준점 : 겨드랑점(18)의 수평선을 등뼈에 표시한 것

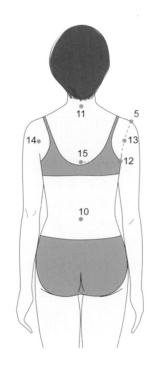

16 젖꼭지점 : 속옷을 착용한 상태에서 브라컵의 가장 앞쪽으로 돌
　 출된 곳

17 엉덩이돌출점 : 엉덩이 부위에서 가장 뒤쪽으로 돌출된 곳

18 겨드랑점 : 겨드랑 접힘선의 가장 아래 점

19 노뼈위점 : 노뼈 바깥 가장자리에서 가장 위쪽(팔꿈치 가쪽 측면
　 에서 움푹 들어간 곳)

20 손목안쪽점 : 자뼈붓돌기 가장 아래쪽

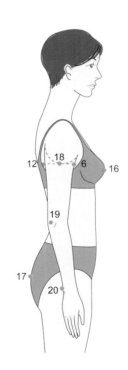

❷ 인체 측정항목

A 젖가슴둘레 : 좌·우 젖꼭지점(16)을 지나는 수평둘레

B 허리둘레 : 허리앞점(2), 허리옆점(1), 허리뒤점(10)을 지나는 수평둘레

C 엉덩이둘레 : 엉덩이돌출점(17)을 지나는 수평둘레

D 등길이 : 목뒤점(11)에서 허리뒤점(10)까지의 수직 길이

E 앞중심길이 : 목앞점(3)에서 허리앞점(2)까지의 길이

F 진동깊이(목뒤등뼈위겨드랑수준길이) : 목뒤점(11)에서 등뼈위겨드랑수준점(15)까지의 길이

G 앞품(겨드랑앞벽사이길이) : 양쪽 겨드랑앞벽점(7, 8) 사이 가로 길이

H 뒤품(겨드랑뒤벽사이길이) : 양쪽 겨드랑뒤벽점(13, 14) 사이 가로 길이

I 어깨길이 : 목옆점(4)에서 어깨가쪽점(5)까지의 길이

J 목밑둘레 : 목뒤점(11), 오른쪽 목옆점(4), 목앞점(3), 왼쪽 목옆점을 지나는 둘레

K 엉덩이옆길이 : 허리옆점(1)에서 엉덩이선까지의 길이

L 무릎길이 : 허리선에서 무릎뼈가운데점(9)까지의 길이

M 허리높이 : 바닥면에서 허리앞점(2)까지의 수직 거리

N 팔길이 : 어깨가쪽점(5)에서 노뼈위점(19)를 지나 손목안쪽점(20)까지의 길이

O 밑위길이 : 의자에 앉아 허리옆점(1)에서 의자 바닥까지 수직길이

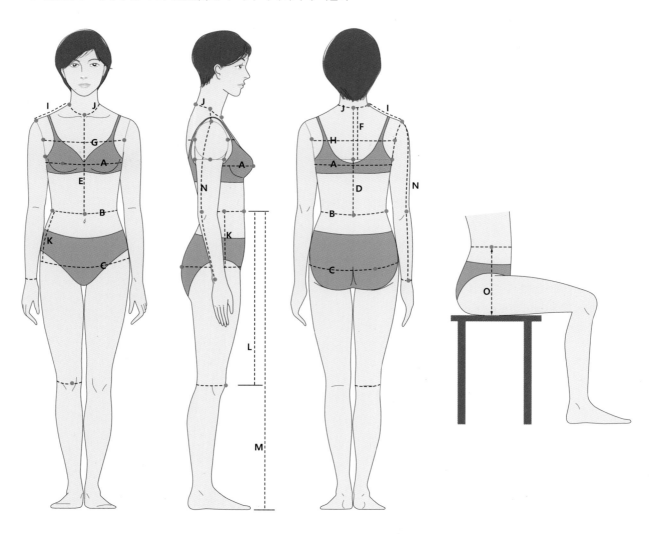

2. 바디스 패턴

A. 기본형 바디스 패턴 BASIC BODICE PATTERN

- 기본형 바디스 패턴은 팔을 제외한 상체를 커버하는 패턴으로, 여성복 제도의 기본이 되는 가장 중요한 원형 패턴이다.
- 기본형 바디스 패턴은 목밑둘레에서부터 허리선까지의 길이로 제도하며, 허리다트를 생략한 형태(Loose Fit Bodice) 또는 허리다트와 옆다트를 사용한 타이트한 형태(Tight Fit Bodice)로 제도한다.

- 필요치수 : 젖가슴둘레, 등길이, 진동깊이, 허리둘레, 앞품, 뒤품
  ※ 진동깊이, 앞품, 뒤품 치수는 실측값 대신 등길이와 젖가슴둘레의 비례값으로 사용할 수 있다.

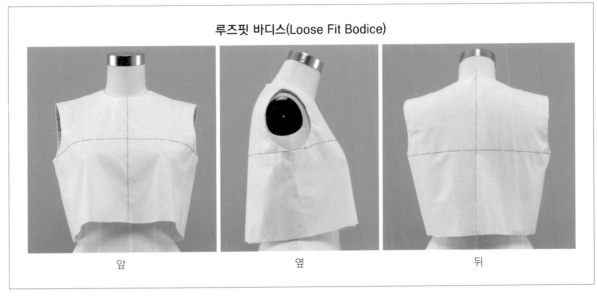

루즈핏 바디스(Loose Fit Bodice)

앞   옆   뒤

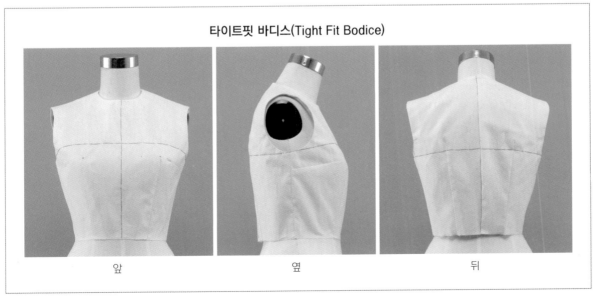

타이트핏 바디스(Tight Fit Bodice)

앞   옆   뒤

❶ 기초선 제도

(1) 직사각형(ABCD)

① AB = CD = 등길이

② AC = BD = 젖가슴둘레/2 + 4cm(여유량)

   ※ AB = 뒤중심선(CB, Center Back Line)
   CD = 앞중심선(CF, Center Front Line)

(2) 가슴선(EF)

① AE = CF = 진동깊이 + 2cm

   ※ 진동깊이는 (등길이/3 + 5cm) 치수를 사용

② 점(E)와 점(F) 직선 연결

(3) 옆선(HG)

① BG = EH = BD/2 - 0.5cm

② 점(H)와 점(G) 직선 연결

(4) 뒤품선(IK)

① EI = AK = 뒤품/2

   ※ 뒤품/2는 (젖가슴둘레/10 + 9.5cm) 치수를 사용

② 점(I)와 점(K) 직선 연결

(5) 앞품선(JL)

① FJ = CL = 앞품/2

   ※ 앞품/2는 (젖가슴둘레/10 + 8cm) 치수를 사용

② 점(J)와 점(L) 직선 연결

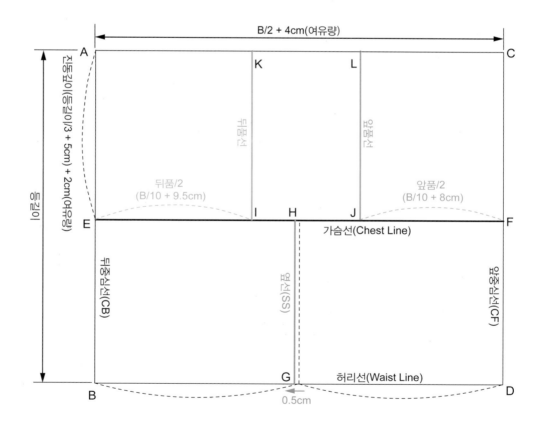

❷ 목둘레선과 어깨선 제도

(1) 뒷목둘레선(AN)

① 점(M) : AM = B/24 + 3.5cm

② 점(N) : MN = AM/3

③ 곡선(AN) : 점(A)와 점(N)을 곡선으로 연결

> ※ 목뒤점(A)에서 AM의 1/3까지는 수평선으로 그리다가 이후
> 목옆점(N)까지 완만한 곡선으로 제도

(2) 뒤어깨선(NP)

① 점(O) : KO = MN

② 점(P) : OP = 2cm

③ 직선(NP) : 점(N)과 점(P)를 직선으로 연결

④ 뒤어깨선(NP) 길이 측정 : NP = ◆

> ※ 뒤어깨선(NP)에는 뒤어깨다트 분량 1.2cm가 포함되어 있음

(3) 앞목둘레선(R'Q)

① 점(Q) : CQ = AM + 1cm

② 점(R) : CR = AM − 0.5cm

③ 점(R') : RR' = 0.5cm

④ 점(V) : 점(V)는 대각선(CS)의 1/3 점에서 0.5cm 내려온
점 (SV = SC/3 − 0.5cm)

⑤ 곡선(R'Q) : 점(R'), 점(V), 점(Q)를 암홀자의 둥근 부분을
이용하여 곡선으로 연결

⑥ 점(T) : LT = KO × 2

⑦ 직선(R'T) : 점(R')와 점(T)를 직선으로 연결

⑧ 직선(R'U) : 직선(R'T)를 뒤어깨선(NP) − 1.2cm 길이가 될
때까지 연장 (R'U = ◆ − 1.2cm)

> ※ 1.2cm는 뒤어깨다트 분량

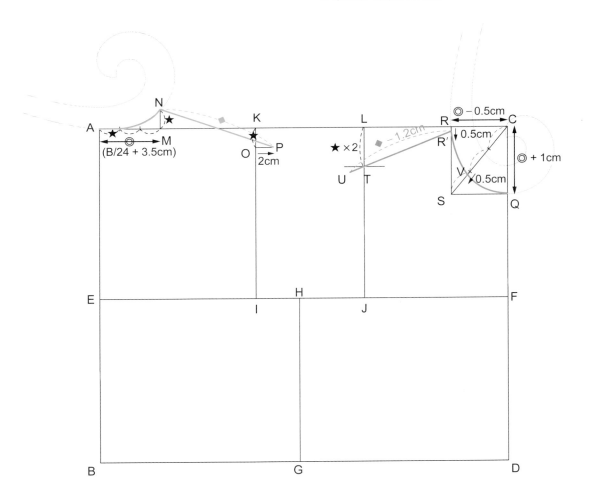

❸ 진동둘레선, 뒤어깨다트 제도

(1) 뒤진동둘레선(P∼W∼H)

① 점(W) : OW = OI/2

② 점(X) : IX = IH/2, IX와 IH의 각도 = 45°

③ 뒤진동둘레선 : 암홀자를 이용하여 점(P), 점(W), 점(X), 점(H)를 곡선으로 연결

※ 뒤진동곡선의 윗부분 : 점(P)에서 직각으로 시작하여 점(W)까지 암홀자의 완만한 부분으로 제도

※ 뒤진동곡선의 아랫부분 : 점(W)에서 점(X)를 지나 점(H)까지 암홀자의 둥근 부분으로 제도

※ 점(X)는 보조점이므로 반드시 지나도록 그릴 필요는 없다.

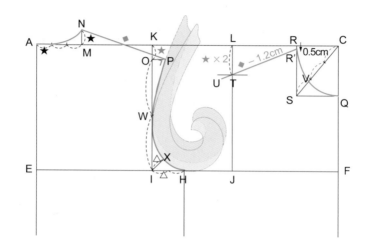

(2) 앞진동둘레선(U∼Y∼H)

① 점(Y) : TY = TJ/2

② 점(Z) : JZ = JH/2, JZ와 JH의 각도 = 45°

③ 점(Z') : ZZ' = JZ/3

④ 앞진동둘레선 : 암홀자를 이용하여 점(U), 점(Y), 점(Z'), 점(H)를 곡선으로 연결

※ 앞진동곡선의 윗부분 : 점(U)에서 직각으로 시작하여 점(Y)까지 암홀자의 완만한 부분으로 제도

※ 앞진동곡선의 아랫부분 : 점(Y)에서 점(Z')를 지나 점(H)까지 암홀자의 둥근 부분으로 제도

※ 점(Z')는 보조점이므로 반드시 지나도록 그릴 필요는 없다.

⑤ 겨드랑점(H) 연결 정리 : 겨드랑점(H)에서 앞진동둘레선과 뒤진동둘레선이 자연스럽게 연결되도록 곡선 정리

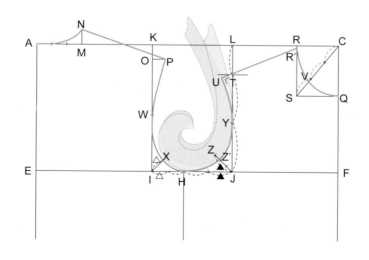

(3) 뒤어깨다트(a'~b~a")

① 다트중심점(a) : Na = NP/2

② 점(a'), 점(a") : 점(a)의 좌·우에 점(a')와 점(a") 표시 (a'a" = 1.2cm, a'a = aa" = 0.6cm)

③ 뒤어깨 다트포인트(b) : ab = 8cm, ab⊥NP

④ 다트선((a'~b~a") : 점(a')와 점(b)를 직선으로 연결, 점(a")와 점(b)를 직선으로 연결

(4) 루즈핏 바디스 원형 완성

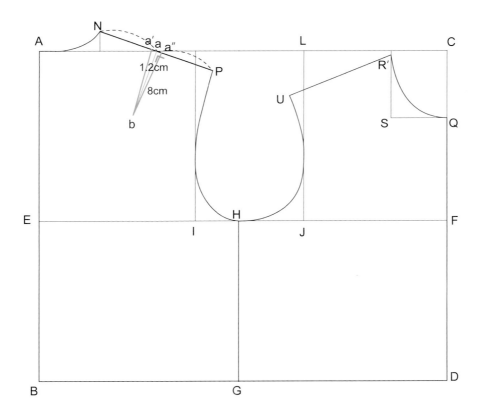

☀️ **루즈핏 바디스와 타이트핏 바디스의 비교**

- 루즈핏 바디스 원형은 가슴선에서 허리선까지 일직선으로 그린 패턴으로, 인체에 밀착되지 않고 여유 있는 옷의 제작에 사용한다.
- 타이트핏 바디스 원형은 루즈핏 바디스 원형에 허리다트와 옆다트를 추가하여 인체에 밀착되도록 제작한 패턴이다.
- 제도된 루즈핏 바디스의 뒤중심선과 옆선을 사선으로 수정하고, 앞판에 앞처짐, 옆다트, 앞허리다트를, 뒤판에 뒤허리다트를 제도하여 가슴과 허리의 인체 굴곡이 드러난다.
- 타이트핏 바디스 원형은 여성복 상의의 기본 패턴으로, 다양한 여성복 디자인에 활용된다.
- 루즈핏 바디스 패턴을 타이트핏 바디스 패턴으로 완성하는 과정은 ❹ 앞뒤중심선, 앞뒤옆선, 옆다트 제도(p.18)~❻ 앞다트 포인트 정리(p.20)와 같다.

❹ 앞뒤중심선, 앞뒤옆선, 앞옆다트 제도

(1) 뒤중심선(A∼c∼d)

① 점(c) : Ac = AE/3

② 점(d) : Bd = 1.5cm

③ 직선(cd) : 점(c)와 점(d)를 직선으로 연결

   ※ 점(c) 부분은 힙커브자를 사용하여 각지지 않게 곡선으로
   정리한다.

(2) 뒤옆선(Hi)

① 점(i) : Gi = 1.5cm

② 뒤옆선(Hi) : 점(H)와 점(i)를 직선으로 연결

(3) 앞중심선(Qe)

① 점(e) : 허리선에 앞처짐 분량(De) 표시 (De = B/12 − 4cm)

   ※ 앞처짐 분량(De) = 옆다트 분량(jk)

② 앞중심선(Qe) : 점(Q)와 점(e)를 직선으로 연결

(4) 앞옆선(Hh)

① 점(G') : GG' = De

② 직선(eG') : 점(e)와 점(G')를 직선으로 연결

③ 점(h) : G'h = 1.5cm

④ 앞옆선(Hh) : 점(H)와 점(h)를 직선으로 연결

(5) 옆다트(j∼B.P∼k)

① 점(g) : Jg = JF/2 − 0.7cm

② B.P : 직선(g∼B.P) = 4cm, 직선(g∼B.P)⊥JF

③ 점(j) : 젖꼭지점(B.P)에서 그은 수평선이 옆선(Hh)과 만
   나는 점

④ 점(k) : jk = De = B/12 − 4cm

⑤ 옆다트(j∼B.P∼k) : 젖꼭지점(B.P)와 점(j), 젖꼭지점
   (B.P)와 점(k)를 각각 직선으로 연결

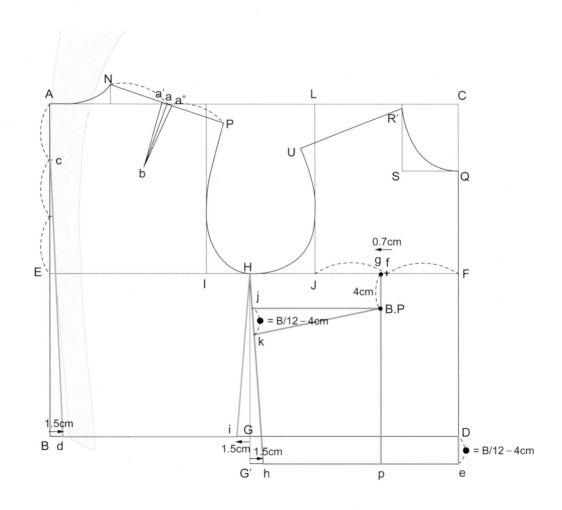

❺ 허리다트 제도

(1) 뒤허리다트

① 점(m), (m') : Em = El/2, mm' = 2cm

② 점(n) : 점(m)에서 수직으로 내린 선과 직선(BG)가 만나는 점

③ 점(s), (t) : st = 뒤허리다트 분량, sn = nt

    ※ 뒤허리다트 분량 = 직선(di) 길이 – {허리둘레/4 – 0.5cm(앞 뒤차) + 0.5cm(여유량)}

④ 뒤허리다트(s∼m'∼t) : 점(m')와 점(s), 점(m')와 점(t)를 각각 직선으로 연결

(2) 앞허리다트

① 점(p) : B.P에서 수직으로 내린 선과 직선(eG')가 만나는 점

② 점(q), (r) : qr = 앞허리다트 분량, qp = pr

    ※ 앞허리다트 분량 = 직선(he) 길이 – {허리둘레/4 + 0.5cm(앞 뒤차) + 0.5cm(여유량)}

③ 앞허리다트(q∼B.P∼r) : 점(q)와 B.P, 점(r)과 B.P를 각각 직선으로 연결

💡 체형에 따른 다트 분량 조절

- 가슴에 비해 허리가 굵은 체형의 경우, 허리다트 분량이 매우 작게 계산될 수 있다. (뒤허리다트 분량이 3cm, 앞허리다트 분량이 4cm 이하일 경우)
- 이러한 체형은 허리뒤점(d)와 허리옆점(i), (h)를 패턴 바깥쪽으로 이동하여 허리다트 분량이 적절하게 유지되도록 수정한다. (Bd = Gi = G'h = 0.5∼1cm로 수정)
- Bd, Gi, G'h 길이를 줄이면, di(○), he(■) 길이가 늘어나 뒤허리다트 분량(st)와 앞허리다트 분량(qr)이 커진다.

---

(3) 타이트핏 바디스 원형 완성

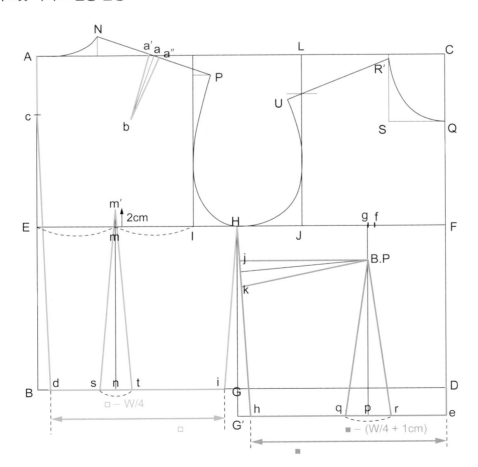

❻ 앞다트포인트 정리

① 앞허리다트와 옆다트의 포인트를 젖꼭지점(B.P)에 그대로 두면, 다트 끝이 두드러지게 돌출되어 가슴의 실루엣이 과장 표현된다.

② 젖가슴 부위를 자연스럽게 표현하기 위해 다트포인트를 B.P에서 2.5cm 정도 떨어진 곳으로 이동한다.

　　※ 다트 분량을 이동하거나 변형할 때는 다트포인트 위치를 수정하지 않고 B.P에 그대로 둔 상태에서 다트를 변형한다.

③ 다트를 접은 상태에서 패턴 완성선을 매끄러운 선으로 정리하고 다트산을 만든다.

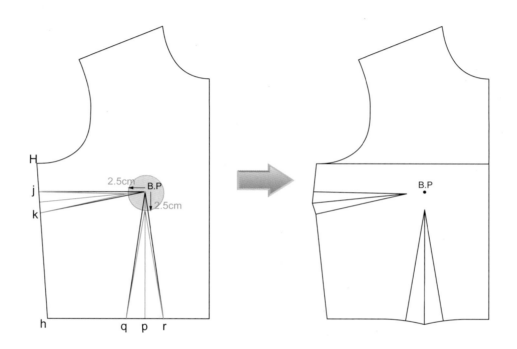

🧵 패턴 정리

- 다트는 인체의 실루엣을 표현하는 데 사용된다. 다트를 완성한 후, 옆선이나 허리선에 각진 부분이 없도록 매끄러운 완성선 정리가 필요하다.

- 어깨다트, 허리다트는 다트의 시접분이 중심선쪽에, 옆다트는 시접분이 아래쪽에 놓이도록 패턴을 접은 후, 매끄러운 곡선으로 완성선을 새로 정리한다.

- 제도지 안쪽에 초크페이퍼를 넣은 상태에서 룰렛으로 완성선을 트레이싱하여 다트산을 표시한다.

- 앞판 패턴과 뒤판 패턴을 서로 맞춘 상태에서 어깨가쪽점, 목옆점, 겨드랑점, 허리옆점 등이 매끄러운 선으로 연결되도록 완성선을 정리한다.

- 타이트핏 바디스 패턴의 패턴을 정리하는 과정은 ❼ 완성선 정리(pp.21~23)와 같다.

❼ 완성선 정리

(1) 앞판 다트 정리

① 앞허리다트를 접은 후, 시접은 앞중심선쪽으로 꺾는다.
앞허리다트를 접은 상태에서 앞허리선을 완만한 곡선으로
정리한다.

② 옆다트를 접은 후, 시접은 아래쪽으로 꺾는다.
옆다트를 접은 상태에서 옆선을 직선으로 정리한다.

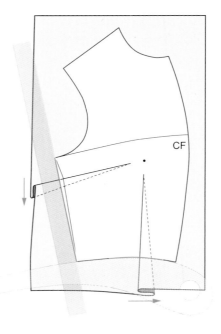

(2) 뒤판 다트 정리

① 뒤허리다트를 접은 후, 시접은 뒤중심선쪽으로 꺾는다.
뒤허리다트를 접은 상태에서 뒤허리선을 완만한 곡선으로
정리한다.

② 뒤어깨다트를 접은 후, 시접은 뒤중심선 쪽으로 꺾는다.
뒤어깨다트를 접은 상태에서 뒤어깨선을 완만한 곡선으로
정리한다.

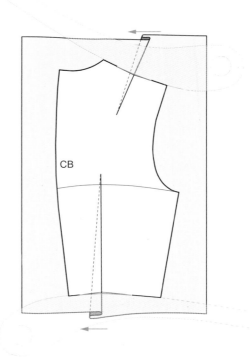

(3) 다트산 표시

① 완성선 트레이싱 : 다트를 접은 상태에서 제도지의 안쪽에 초크페이퍼를 놓고, 룰렛을 사용하여 다트 완성
   선을 트레이싱한다.

② 다트산 표시 : 접었던 다트를 펼치면 다트 안쪽에 완성선이 표시된다.

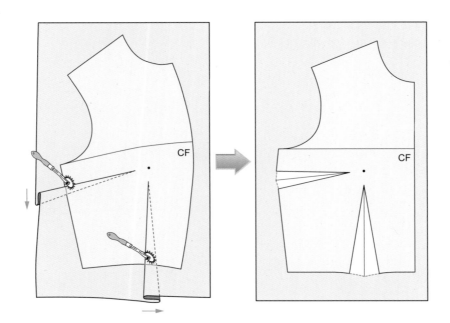

앞판 다트산 정리

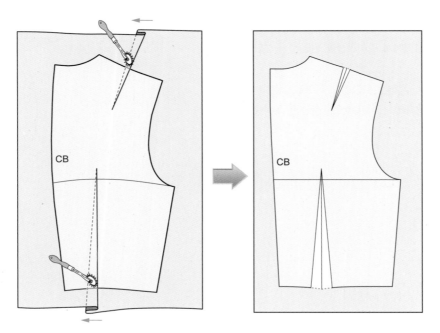

뒤판 다트산 정리

(4) 곡선 정리

① 진동둘레선 정리 : 앞판과 뒤판 원형의 어깨가쪽점을 맞추어 어깨선을 붙인 후 진동둘레선을 매끄럽게 정리

② 목둘레선 정리 : 앞판과 뒤판 원형의 목옆점을 맞추어 어깨선을 붙인 후 목둘레선을 매끄럽게 정리

③ 허리선 정리 : 옆다트를 접은 상태에서 앞판과 뒤판 원형의 겨드랑점을 맞추어 옆선을 붙인 후 허리옆점을 매끄럽게 정리

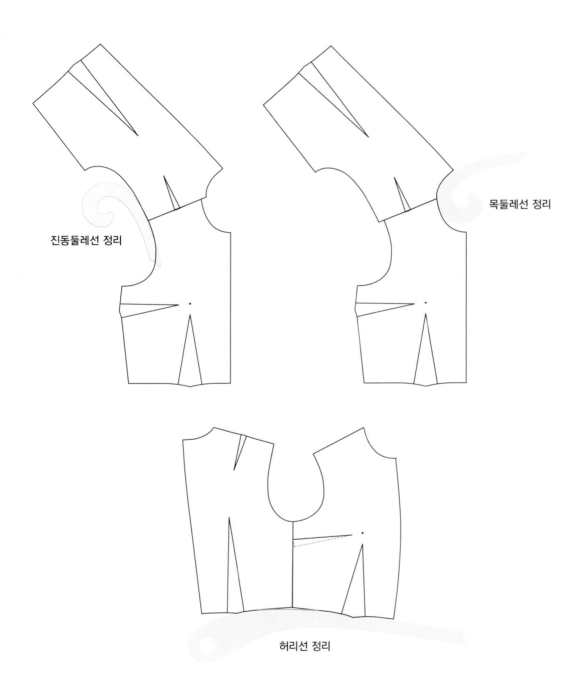

진동둘레선 정리

목둘레선 정리

허리선 정리

❽ 시접, 올방향 및 맞춤점 표시

(1) 올방향 표시
① 앞판 올방향 : 앞중심선(CF)과 평행인 화살표 표시
② 뒤판 올방향 : 가슴선과 수직인 화살표 표시

※ 재단 시 패턴에 표시한 올방향과 옷감의 식서 방향을 일치시킨다.

(2) 골선과 맞춤점(너치) 표시
① 앞판의 좌·우를 연결된 패턴으로 재단할 경우, 앞중심선에 골선 표시

※ 골선에는 시접 분량이 없다.

② 소매의 앞과 뒤가 바뀌지 않도록 앞과 뒤 바디스 패턴의 진동둘레선에 소매 패턴과 동일 분량의 맞춤점 표시

※ 바디스 진동둘레선의 맞춤점 위치는 소매원형 제도(p.60)를 참고한다.

(3) 시접 표시
① 곡선 부위(목둘레선, 진동둘레선) : 1cm
② 직선 부위(어깨선, 옆선, 허리둘레선) : 1.5cm
③ 뒤중심선(지퍼 여밈) : 2cm

※ 시접 분량을 포함한 선을 따라 재단한다.

◉ 완성

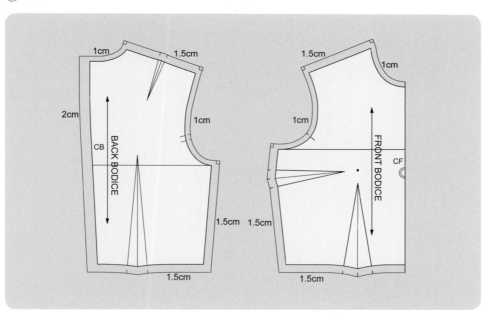

B. 토르소 패턴 TORSO PATTERN

- 토르소 패턴은 바디스 원형에 엉덩이선까지의 스커트 원형을 연결한 형태로, 인체의 토르소를 커버하는 패턴이다.
- 기본형 바디스 패턴을 엉덩이둘레까지 연장한다.
- 기본형 바디스 패턴보다 허리둘레를 여유 있게 제도한다.

- 셔츠, 블라우스, 원피스드레스, 재킷 패턴을 설계할 때 기본패턴으로 사용한다.

- **준비 패턴 : 기본형 바디스 패턴(타이트핏 바디스)**
- **필요치수 : 엉덩이길이**

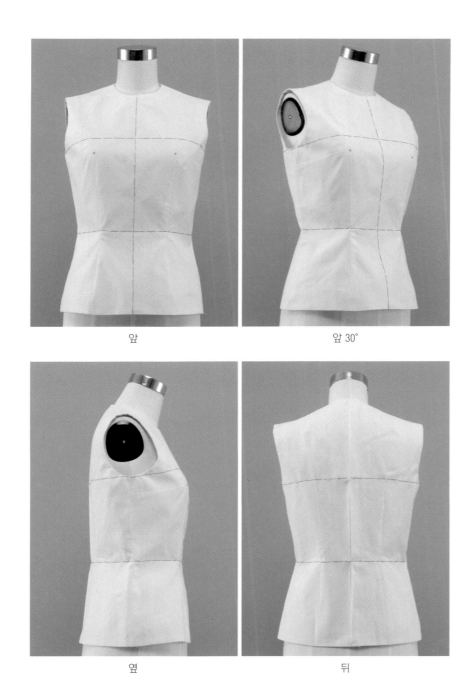

앞

앞 30°

옆

뒤

❶ 기초선 표시

(1) 패턴 준비 : 기본형 바디스 앞·뒤판 패턴

(2) 점(①) : 허리앞점(e)에서 엉덩이길이만큼 내려가 점(①) 표시 (e∼① = 엉덩이길이)

(3) 점(②) : 점(①)에서 그은 수평선과 점(H)에서 그은 수직선이 만나는 점(②) 표시 (①∼② = FH)

(4) 점(③) : 점(B)에서 엉덩이길이만큼 내려가 점(③) 표시 (B∼③ = 엉덩이길이, Bd = 1.5cm)

(5) 점(④) : 점(③)에서 그은 수평선과 점(H)에서 그은 수직선이 만나는 점(④) 표시 (③∼④ = EH)

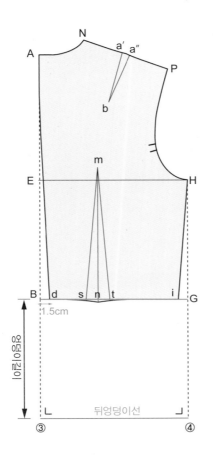

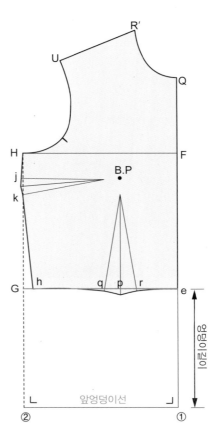

❷ 옆선과 다트 제도

1) 앞토르소 옆선

(1) 점(②') : 점(②)에서 1cm 떨어진 곳에 점(②') 표시 (②~②'
= 1cm)

(2) 곡선(h~②') : 허리옆점(h)와 점(②')를 힙커브자를 사용하
여 곡선으로 연결

(3) 점(⑤) : 점(②')에서 0.2~0.5cm 정도 올린 점(⑤) 표시
(②'~⑤ = 0.2~0.5cm)

(4) 밑단곡선 정리 : 엉덩이 밑단선과 옆선이 끝점(⑤)에서 직
각을 이루도록 정리

2) 앞허리다트

(1) 점(⑥), (⑦) : 기본형 바디스의 허리다트(q), (r)에서
0.75cm씩 안쪽으로 이동한 점(⑥), (⑦) 표시
(q~⑥ = r~⑦ = 0.75cm)

※ 토르소 앞허리다트는 기본형 바디스 패턴보다 1.5cm 작게
제도한다. (⑥~⑦ = qr-1.5cm)

(2) 점(⑧) : 점(p)에서 수직으로 15cm 내려간 점(⑧) 표시 (p~⑧
= 15cm, p~⑧⊥eh)

(3) 다트선 표시

– 점(⑥), 점(⑦), 점(⑧)을 각각 직선으로 연결

– 기본형 바디스의 허리다트포인트(u)와 점(⑥), 점(⑦)을
각각 직선으로 연결

 • 토르소의 허리다트 분량(⑥~⑦)은 최소 1.5cm
이상이 되도록 만든다.
• ⑥~⑦ 길이가 1.5cm보다 작게 표시되는 체형의
경우에는, q~⑥, r~⑦ 치수를 0.75cm보다 작게
만들어 허리다트 분량을 늘인다.

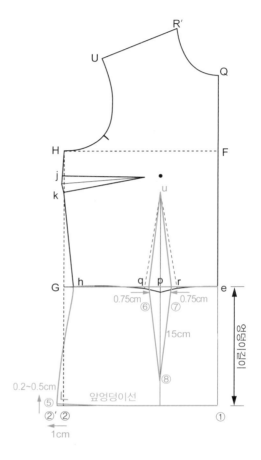

3) 뒤토르소 뒤중심선

(1) 점(⑨) : 점(③)에서 1cm 떨어진 점 (③~⑨ = 1cm)

(2) 직선(d~⑨) : 점(d)와 점(⑨)를 직선으로 연결

4) 뒤토르소 옆선

(1) 점(④') : 점(④)에서 1cm 떨어진 점 표시 (④~④' = 1cm)

(2) 곡선(i~④') : 허리옆점(i)와 점(④')를 힙커브자를 사용하여 곡선으로 연결

(3) 점(⑩) : 점(④')에서 0.2~0.5cm 올린 점 표시 (⑩~④' = 0.2~0.5cm)

(4) 엉덩이 밑단선과 옆선이 끝점(⑩)에서 직각을 이루도록 정리

5) 뒤허리다트

(1) 점(⑪), (⑫) : 기본형 바디스의 뒤허리다트(s), (t)에서 0.75cm씩 안쪽으로 이동한 점(⑪), (⑫) 표시 (s~⑪ = t~⑫ = 0.75cm)

※ 토르소 뒤허리다트는 기본형 바디스 패턴보다 1.5cm 작게 제도한다. (⑪~⑫ = st − 1.5cm)

(2) 점(⑬) : 점(n)에서 수직으로 15cm 내려간 점(⑬) 표시 (n~⑬ = 15cm)

(3) 다트선 표시

– 점(⑪), 점(⑫), 점(⑬)을 각각 직선으로 연결

– 기본형 바디스의 허리다트포인트(m)과 점(⑪), 점(⑫)를 각각 직선으로 연결

- 토르소의 허리다트 분량(⑪~⑫)은 최소 1.5cm 이상이 되도록 만든다.
- ⑪~⑫ 길이가 1.5cm보다 작게 표시되는 체형의 경우에는, s~⑪, t~⑫ 치수를 0.75cm보다 작게 만들어 허리다트 분량을 늘인다.

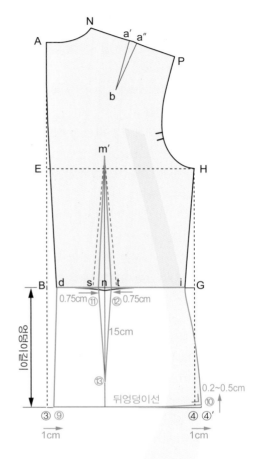

엉덩이둘레가 젖가슴둘레보다 10cm 이상 큰 체형을 위한 패턴 보정

1. 뒤엉덩이선 늘리기

(1) 점(⑩') : ⑨～⑩' = H/4 + 1cm

(2) 직선(H～⑩') : 점(H)와 점(⑩')를 직선으로 연결

(3) 점(⑭) : 직선(H～⑩')와 허리둘레선의 연장선이 만나는 점에서 1.5cm
안쪽으로 들어간 점

(4) 옆선(H～⑭～⑩')

　－ 점(H)와 점(⑭)를 직선으로 연결

　－ 점(⑭)와 점(⑩')를 힙커브자로 연결

　－ 점(H), 점(⑭), 점(⑩')를 연결할 때 점(⑭) 부위가 각지지 않도록 곡선 정리

(5) 밑단 : 밑단선과 옆선이 직각을 이루도록 정리

2. 뒤허리다트 수정

(1) 점(⑭)～점(i) 길이 : 늘어난 허리 분량 측정 (⑭～i = ◆)

(2) 허리다트 분량 수정

　－ 토르소 허리둘레 치수의 변형이 없도록, 늘어난 허리선 분량(◆)을 뒤허리
다트 분량으로 이동시킨다.

　－ 점(⑪), 점(⑫)에서 바깥쪽으로 ◆/2만큼 떨어져 다트 분량을 새로 표시

　－ 새로 이동한 다트 분량과 다트포인트를 연결

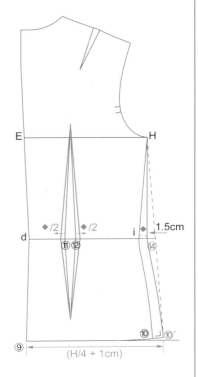

3. 앞엉덩이선 늘리기

(1) 점(⑤') : ①～⑤' = H/4

(2) 직선(k～⑤') : 점(k)와 점(⑤')를 직선으로 연결

(3) 점(⑮) : 직선(k～⑤')와 허리둘레선의 연장선이 만나는 점에서 1.5cm 안쪽으로
들어간 점

(4) 옆선(k～⑮～⑤')

　－ 점(k)와 점(⑮)를 직선으로 연결

　－ 점(⑮)와 점(⑤')를 힙커브자로 연결

　－ 점(k), 점(⑮), 점(⑤')를 연결할 때 점(⑮) 부위가 각지지 않도록 곡선 정리

(5) 밑단 : 밑단선과 옆선이 직각을 이루도록 정리

4. 앞허리다트 수정

(1) 점(⑮)～점(h) 길이 : 늘어난 허리 분량 측정 (⑮～h = ★)

(2) 허리다트 분량 수정

　－ 토르소 허리둘레 치수의 변형이 없도록, 늘어난 허리선 분량(★)을 앞허리
다트 분량으로 이동시킨다.

　－ 점(⑥), 점(⑦)에서 바깥쪽으로 ★/2만큼 떨어져 다트 분량을 새로 표시

　－ 새로 이동한 다트 분량과 다트포인트를 연결

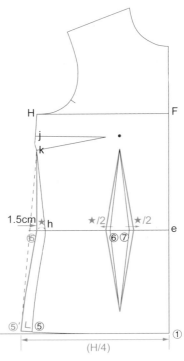

❸ 시접, 올방향 및 맞춤점 표시

(1) 올방향 표시

① 앞판 올방향 : 앞중심선(CF)와 평행하게 화살표 표시

② 뒤판 올방향 : 가슴선과 수직으로 화살표 표시

　　※ 재단 시 패턴에 표시한 올방향과 옷감의 식서 방향을 일치
　　시킨다.

(2) 골선과 맞춤점(너치) 표시

① 앞판의 좌·우를 연결된 패턴으로 재단할 경우, 앞중심선
에 골선 표시

　　※ 골선에는 시접 분량이 없다.

② 소매의 앞과 뒤가 바뀌지 않도록 앞과 뒤 토르소 패턴의
진동둘레선에 소매 패턴과 동일 분량의 맞춤점을 표시

　　※ 진동둘레선의 맞춤점 위치는 소매원형 제도(p.60)를 참고
　　한다.

(3) 시접 표시

① 곡선 부위(목둘레선, 진동둘레선) : 1cm

② 직선 부위(어깨선, 옆선, 엉덩이둘레선) : 1.5cm

③ 뒤중심선(지퍼 여밈) : 2cm

◎ 완성

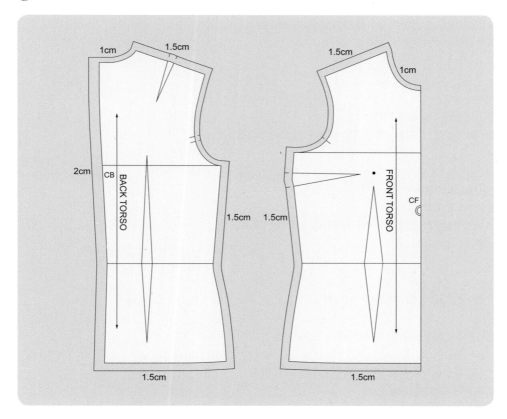

C. 다트 머니퓰레이션 DART MANIPULATION

- 여성복 기본형 바디스에는 가슴과 허리의 인체 실루엣을 표현하기 위한 기본다트로 옆다트와 허리다트가 있다.
- 기본형 바디스의 다트 위치나 분량을 조절하여 다양한 디자인을 표현할 수 있다.
- 다트는 개더, 플리츠, 턱 등으로 디자인 변형이 가능하다.
- 다트는 다양한 위치로 이동시켜 새로운 디자인을 창작할 수 있다.
- 세로로 놓이는 다트는 중심선을 향해 접으며, 가로로 놓이는 다트는 아래를 향해 접는다.

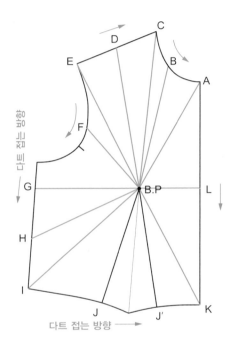

A : 목앞점다트
B : 목둘레선다트
C : 목옆점다트
D : 어깨다트
E : 어깨끝점다트
F : 진동둘레선다트
G : 옆다트
H : 프렌치다트
I : 허리옆점다트
J, J' : 허리다트
K : 허리앞점다트
L : 앞중심가슴선다트

☼ 다트 변형 방법

- 다트 변형 방법에는 회전법(Pivotal-Transfer Technique)과 절개법(Slash-Spread Technique)이 있다.
- 회전법은 다트포인트를 회전의 중심점으로 사용하여 다트의 위치나 방향을 바꾸는 방법이며, 이동할 다트의 수가 적고 비교적 간단한 경우에 주로 사용한다.
- 절개법은 새로운 다트의 위치를 표시한 후, 그 선을 따라 패턴을 절개하여 새로운 다트를 만들고, 기본 다트는 접어서 삭제하는 방식이다.
- 간단한 다트 위치 이동에는 회전법을 사용하고, 변형할 다트의 수와 변형의 형태가 복잡할 경우에는 절개법을 사용한다.

❶ 다트 합치기 : 회전법 Pivotal-Transfer Technique 사용

- 2개 이상의 다트를 하나의 다트로 합쳐서 다트의 수를 줄이거나, 하나의 다트를 2개 이상으로 나누어 분산시킬 수 있다.
- 다트를 합치거나 나눌 때는 다트포인트를 고정해야 옷의 실루엣이 유지된다.

(1) 옆다트

① 패턴 준비 : 기본형 바디스 패턴의 허리다트와 옆다트포인트를 2.5cm 이동하여 B.P에 맞춤

② 외곽선(A~G) : 새로운 종이 위에 바디스 패턴의 다트포인트(B.P)를 고정한 후, 바디스 패턴의 옆다트 시작점(A)에서부터 허리다트 시작점(G)까지 외곽선을 옮겨 그린다.

③ 패턴 회전 : 다트포인트(B.P)를 고정한 상태에서, 새로운 종이 위에 옮겨 그린 허리다트 시작점(G)과 기본형 바디스 패턴의 허리다트 끝점(H)가 만날 때까지 기본형 패턴을 시계 반대 방향으로 회전시킨다.

④ 외곽선(H~J) : 바디스 패턴의 허리다트 끝점(H)에서 옆다트 끝점(J)까지 패턴 외곽선을 옮겨 그린다.

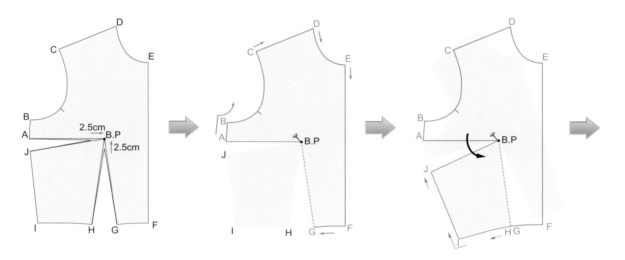

⑤ 다트선 표시
- 다트포인트(K) : B.P에서 다트중심선을 따라 2.5cm 떨어진 점(K) 표시 (B.P~K = 2.5cm, AK' = K'J)
- 다트선(A~K~J) : 점(A), 점(K), 점(J)를 직선으로 연결

⑥ 옆선 트레이싱
- 다트를 접은 후, 시접을 아래쪽으로 정리
- 옆선을 직선자로 그린다.
- 룰렛으로 완성선을 트레이싱

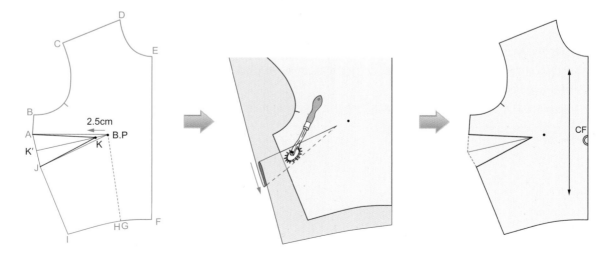

(2) 허리다트

① 패턴 준비 : 기본형 바디스 패턴의 허리다트와 옆다트포인트를 2.5cm 이동하여 B.P에 맞춤

② 외곽선(A~G) : 새로운 종이 위에 바디스 패턴의 다트포인트(B.P)를 고정한 후, 바디스 패턴의 옆다트 시작점(A)에서부터
   허리다트 시작점(G)까지 외곽선을 옮겨 그린다.

③ 패턴 회전 : 다트포인트(B.P)를 고정한 상태에서, 새로운 종이 위에 옮겨 그린 옆다트 시작점(A)와 기본형 바디스 패턴의
   옆다트 끝점(J)가 만날 때까지 기본형 패턴을 시계방향으로 회전시킨다.

④ 외곽선(H~J) : 바디스 패턴의 허리다트 끝점(H)에서 옆다트 끝점(J)까지 패턴 외곽선을 옮겨 그린다.

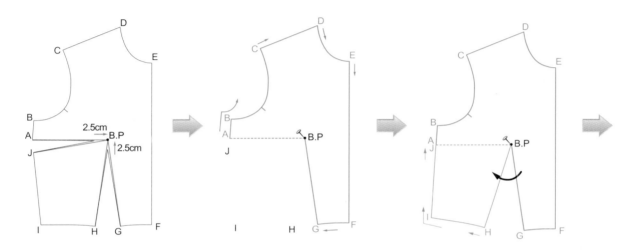

⑤ 다트선 표시

  – 다트포인트(K) : B.P에서 다트중심선을 따라 2.5cm
     내린 점(K) 표시 (B.P~K = 2.5cm, HK' = K'G)

  – 다트선(G~K~H) : 점(G), 점(K), 점(H)를 직선으로 연결

⑥ 허리선 트레이싱

  – 다트를 접은 후, 시접을 앞중심선쪽으로 정리

  – 허리선을 곡선자로 매끄럽게 정리

  – 룰렛으로 완성선을 트레이싱

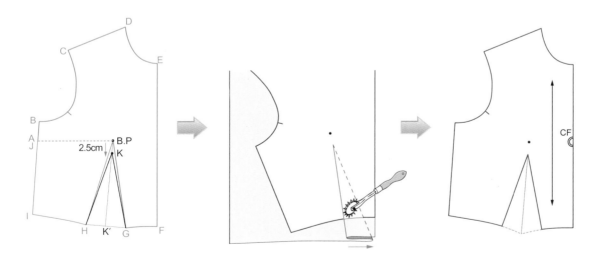

❷ 다트 이동 : 절개법 Slash–Spread Technique 사용

(1) 어깨다트

① 패턴 준비 : 허리다트가 있는 바디스 패턴 준비
② 다트포인트 수정 : 다트포인트를 B.P에 맞춤
③ 어깨다트선(C~B.P)
   – 점(C) : 어깨선(AB)의 이등분점(C) 표시
   – 직선(C~B.P) : 다트포인트(B.P)와 점(C)를 직선으로 연결
   – 절개 : 어깨다트선(C~B.P)를 어깨선에서 다트포인트까지 자른다.
④ 다트 이동 : 허리다트(D~B.P~E)를 붙이고, 절개선(C~B.P) 사이를 벌린다.
   ※ 절개선 사이의 벌어진 분량(CC')가 어깨다트 분량이 된다.
⑤ 다트포인트(F) : B.P에서 다트중심선을 따라 2.5cm 떨어진 점(F) 표시 (B.P~F = 2.5cm)
⑥ 다트선(C~F~C') : 점(C'), 점(F), 점(C)를 직선으로 연결
⑦ 다트산 정리 : 다트 시접을 앞중심선쪽으로 향하게 접은 후 어깨선을 트레이싱하여 다트산(C~F'~C') 정리

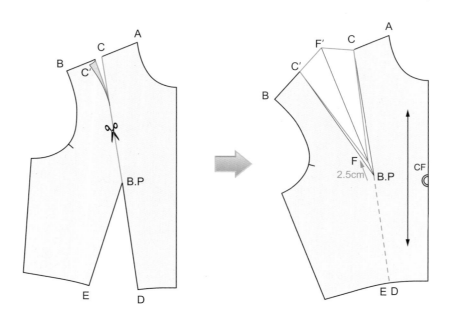

(2) 프렌치다트

① 패턴 준비 : 허리다트가 있는 바디스 패턴 준비

② 다트포인트 수정 : 다트포인트를 B.P에 맞춤

③ 프렌치다트선(C∼B.P)

　– 점(C) : 옆선(AB) 위에 다트 시작점(C) 표시

　– 직선(C∼B.P) : 다트포인트(B.P)와 점(C)를 직선으로 연결

　– 절개 : 프렌치다트선(C∼B.P)를 옆선에서 다트포인트까지 자른다.

④ 다트 이동 : 허리다트(D∼B.P∼E)를 붙이고, 절개선(C∼B.P) 사이를 벌린다.

　　※ 절개선 사이의 벌어진 분량(CC')가 프렌치다트 분량이 된다.

⑤ 다트포인트(F) : B.P에서 다트중심선을 따라 2.5cm 떨어진 점(F) 표시 (B.P∼F = 2.5cm)

⑥ 다트선(C∼F∼C') : 점(C'), 점(F), 점(C)를 직선으로 연결

⑦ 다트산 정리 : 다트 시접을 아래쪽으로 향하게 접은 후 옆선을 트레이싱하여 다트산(C∼F'∼C') 정리

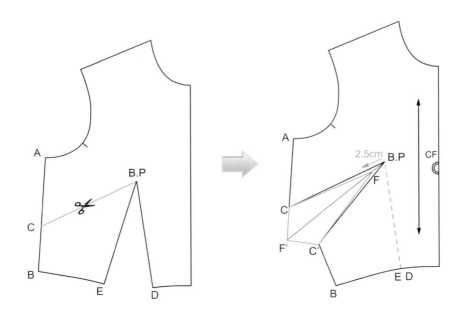

(3) 목둘레다트

① 패턴 준비 : 허리다트가 있는 바디스 패턴 준비

② 다트포인트 수정 : 다트포인트를 B.P에 맞춤

③ 목둘레다트선(C~B.P)

 – 점(C) : 목둘레선(AB) 위에 다트 시작점(C) 표시

 – 직선(C~B.P) : 다트포인트(B.P)와 점(C)를 직선으로 연결

 – 절개 : 목둘레다트선(C~B.P)를 목둘레선에서 다트포인트까지 자른다.

④ 다트 이동 : 허리다트(D~B.P~E)를 붙이고, 절개선(C~B.P) 사이를 벌린다.

 ※ 절개선 사이의 벌어진 분량(CC')가 목둘레다트 분량이 된다.

⑤ 다트포인트(F) : B.P에서 다트중심선을 따라 2.5cm 떨어진 점(F) 표시 (B.P~F = 2.5cm)

⑥ 다트선(C~F~C') : 점(C'), 점(F), 점(C)를 직선으로 연결

⑦ 다트산 정리 : 다트 시접을 앞중심선쪽으로 향하게 접은 후 목둘레선을 트레이싱하여 다트산(C~F'~C') 정리

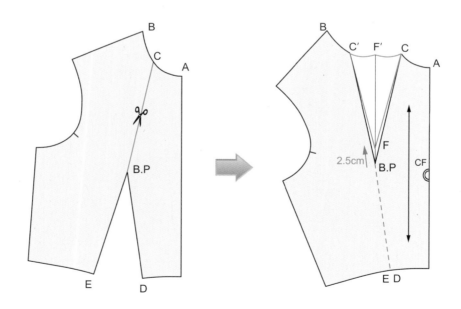

(4) 진동둘레다트

① 패턴 준비 : 허리다트가 있는 바디스 패턴 준비

② 다트포인트 수정 : 다트포인트를 B.P에 맞춤

③ 진동둘레다트선(C〜B.P)

　　– 점(C) : 진동둘레선(AB) 위에 다트 시작점(C) 표시

　　– 직선(C〜B.P) : 다트포인트(B.P)와 점(C)를 직선으로 연결

　　– 절개 : 진동둘레다트선(C〜B.P)를 진동둘레선에서 다트포인트까지 자른다.

④ 다트 이동 : 허리다트(D〜B.P〜E)를 붙이고, 절개선(C〜B.P) 사이를 벌린다.

　　※ 절개선 사이의 벌어진 분량(CC')가 진동둘레다트 분량이 된다.

⑤ 다트포인트(F) : B.P에서 다트중심선을 따라 2.5cm 떨어진 점(F) 표시 (B.P〜F = 2.5cm)

⑥ 다트선(C〜F〜C') : 점(C'), 점(F), 점(C)를 직선으로 연결

⑦ 다트산 정리 : 다트 시접을 아래쪽으로 향하게 접은 후 진동둘레선을 트레이싱하여 다트산(C〜F'〜C') 정리

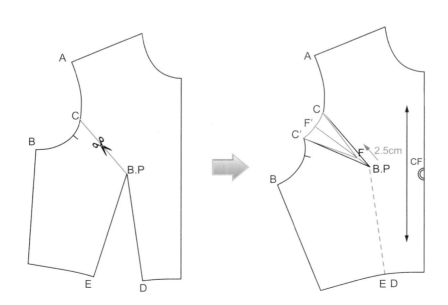

(5) 앞중심가슴선 다트

- 허리다트를 B.P에서 앞중심선까지 수평으로 그은 다트로 이동한 디자인이다.
- 다트를 이동한 후, 골선과 식서의 위치에 따라 각각 다른 디자인의 옷이 제작된다.
- 앞중심가슴선 다트(A형) : 골선과 식서를 다트 위쪽에 표시
- 앞중심가슴선 다트(B형) : 골선과 식서를 다트 아래쪽에 표시

① 패턴 준비 : 허리다트가 있는 바디스 패턴 준비
② 다트포인트 수정 : 다트포인트를 B.P에 맞춤
③ 앞중심가슴선 다트(C~B.P)
　　– 직선(C~B.P) : 다트포인트(B.P)에서 앞중심선에 수직인 직선(C~B.P) 표시
　　– 절개 : 앞중심가슴선 다트(C~B.P)를 자른다.
④ 다트 이동 : 허리다트(D~B.P~E)를 붙이고, 절개선(C~B.P) 사이를 벌린다.
　　※ 절개선 사이의 벌어진 분량(CC')가 앞중심가슴선 다트 분량이 된다.
⑤ 골선 및 식서 표시
　　– 앞중심가슴선 다트(A형) : 직선(AC)에 골선 표시하고, 직선(AC)에 평행하게 식서 표시한다.
　　– 앞중심가슴선 다트(B형) : 직선(C'B)에 골선 표시하고, 직선(C'B)에 평행하게 식서 표시한다.

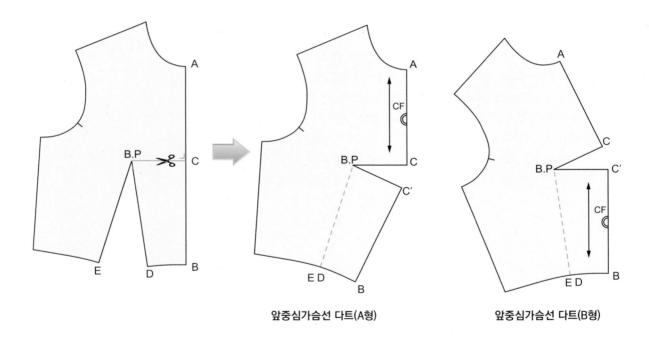

앞중심가슴선 다트(A형)　　　　　　　앞중심가슴선 다트(B형)

가슴선 아래에 절개선이 있는 앞중심가슴선 다트(A형)

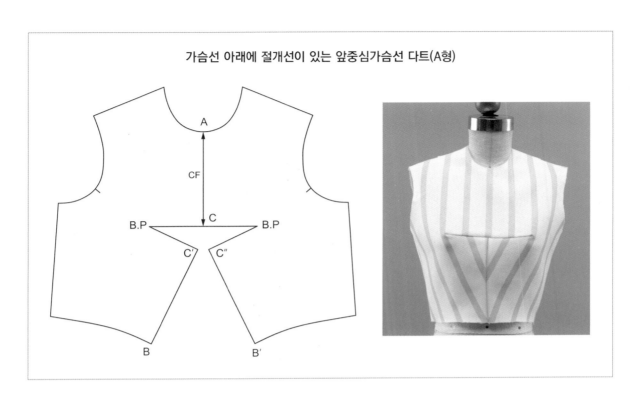

가슴선 위에 절개선이 있는 앞중심가슴선 다트(B형)

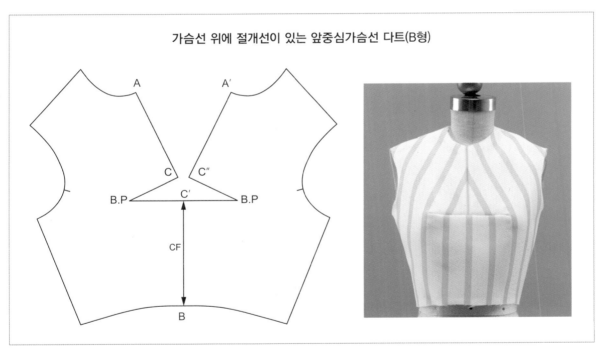

❸ 다트 변형 디자인 : 절개법 Slash-Spread Technique 사용

(1) 어깨다트 분할(A형)

- 다트 분할 : 1개의 허리다트를 3개의 어깨다트로 나눈다.
- 다트포인트 : 분할된 다트들의 연장선이 하나의 다트포인트에서 만나는 디자인이다.
- 기본형 바디스 패턴에서 실루엣의 변화 없이 다트 위치와 수량만 변형된다.

① 다트 절개
- 허리다트가 있는 바디스 패턴 준비
- 점(B), (C), (D) : 어깨선(AE)의 4등분점 표시 (AB = BC = CD = DE)
- 어깨다트선 : 점(B), (C), (D)와 B.P를 직선으로 연결
- 절개 : 어깨다트선을 어깨선에서 다트포인트까지 자른다.

② 다트 이동 : 허리다트를 닫고, 절개한 3개의 어깨다트 분량(BB', CC', DD')가 같게 패턴 조각을 벌린다. (BB' = CC' = DD')

③ 다트선 연결
- 다트포인트 : B.P에서 다트 중심선을 따라 2.5cm 이동한 점(I), (J), (K) 표시
- 다트선 : 점(B), (B')와 점(I)를 직선으로 연결
  점(C), (C')와 점(J)를 직선으로 연결
  점(D), (D')와 점(K)를 직선으로 연결

④ 다트산 표시 : 다트를 중심선쪽으로 접은 후, 다트산을 트레이싱한다.

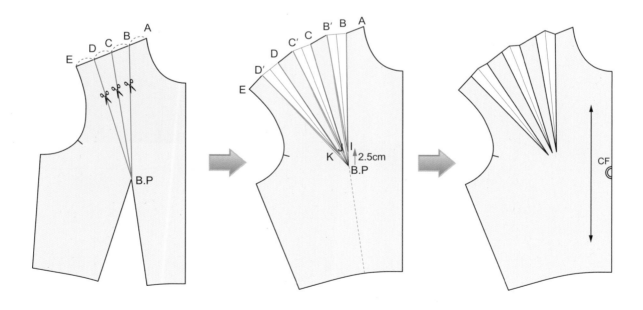

(2) 어깨다트 분할(B형)

- 다트 분할 : 1개의 허리다트를 3개의 어깨다트로 나눈다.
- 다트포인트 : 분할된 다트들의 연장선이 하나의 다트포인트에서 만나지 않고 평행하게 놓이는 디자인이다.
- 다트포인트 부근에 여유량이 형성된다.
- 개더, 플리츠, 턱 등 디자인 변형을 위한 기본 패턴으로 활용된다.

① 다트 절개
   - 허리다트가 있는 바디스 패턴 준비
   - 점(B), (C), (D) : 어깨선(AE)의 4등분점 표시 (AB = BC = CD = DE)
   - 직선(C~B.P) : 점(C)와 B.P를 직선으로 연결
   - 점(G) : B.P에서 2.5cm 떨어진 점(G) 표시 (G~B.P = 2.5cm)
   - 직선(G'G") : 점(G)에서 직선(C~B.P)와 수직인 직선(G'G") 표시
   - 직선(BF) : 점(B)에서 직선(CG)와 평행하게 그린 직선과 직선(G'G")가 만나는 점(F) 표시
   - 직선(DH) : 점(D)에서 직선(CG)와 평행하게 그린 직선과 직선(G'G")가 만나는 점(H) 표시
   - 절개 : 직선(B~F~B.P), (C~G~B.P), (D~H~B.P)를 자른다.
② 다트 이동 : 허리다트를 닫고, 절개한 3개의 어깨다트 분량(BB', CC', DD')가 같게 패턴 조각을 벌린다. (BB' = CC' = DD')
③ 다트선 연결
   - 점(B), (B')와 점(F)를 직선으로 연결
   - 점(C), (C')와 점(G)를 직선으로 연결
   - 점(D), (D')와 점(H)를 직선으로 연결
④ 다트산 표시 : 다트를 중심선쪽으로 접은 후, 다트산을 트레이싱한다.

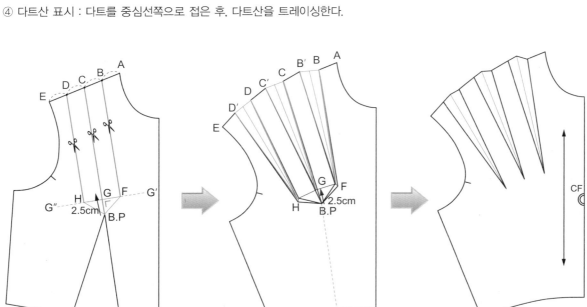

(3) 어깨다트를 개더(Gathers)로 변형

- 분할된 다트 분량을 개더로 변형한 디자인이다.
- 3개로 분할된 어깨다트들을 삭제하고, 어깨선을 완만한 곡선으로 수정한다.
- 삭제한 다트 분량만큼 주름을 잡아당겨 원래의 어깨길이에 맞춘다.
- 재봉틀 땀 수를 가장 크게 설정한 상태에서 시접을 두 줄 봉제한 후, 실의 끝을 잡아당겨 원단에 고른 개더 주름이 만들어지게 한다.

① 어깨선(AE) 정리
- 패턴 준비 : 어깨다트 분할(B형) 패턴 준비 (p.41)
- 어깨곡선 : 점(B)에서 점(D')까지 완만한 곡선으로 수정
- ※ 수정한 어깨곡선이 점(B'), (C), (C'), (D)를 지나지 않아도 된다.

② 개더 위치 표시
- 개더 시작점(F) : 목옆점(A)에서 1.5cm 떨어진 점(F)에 너치 표시 (AF = 1.5cm)
- 개더 끝점(G) : 어깨가쪽점(E)에서 1.5cm 떨어진 점(G)에 너치 표시 (EG = 1.5cm)

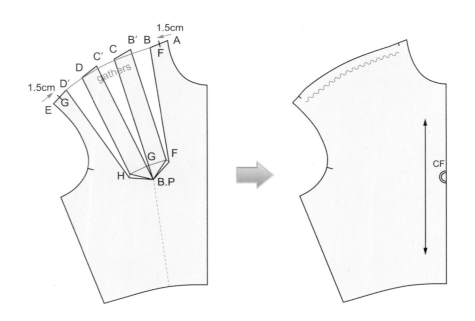

(4) 어깨다트를 플리츠(Pleats)로 변형

- 분할된 다트 분량을 플리츠로 변형한 디자인이다.
- 주름 분량을 접은 후, 주름을 고정하기 위해 어깨시접을 봉제한다.
- 주름선을 따라 원단을 다려 플리츠 디자인을 표현한다.

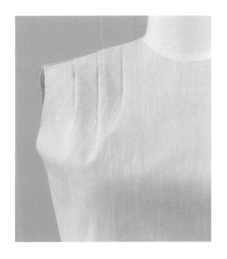

① 플리츠 길이 표시
  - 패턴 준비 : 어깨다트 분할(B형) 패턴 준비
  - 점(I), (I'), (J), (J'), (K), (K') : 어깨선에서 다트선을 따라 5cm 떨어진 점(I), (I'), (J), (J'), (K), (K') 표시 (BI = B'I' = CJ = C'J' = DK = D'K' = 5cm)
  - 플리츠선 : 어깨다트 위의 점(B), (B'), (C), (C'), (D), (D')와 점(I), (I'), (J), (J'), (K), (K')를 직선으로 연결
② 플리츠 방향 표시 : 플리츠 접는 방향 표시
③ 플리츠 완성선 : 플리츠를 방향에 맞추어 접은 후, 어깨선을 트레이싱하여 플리츠 완성선 표시

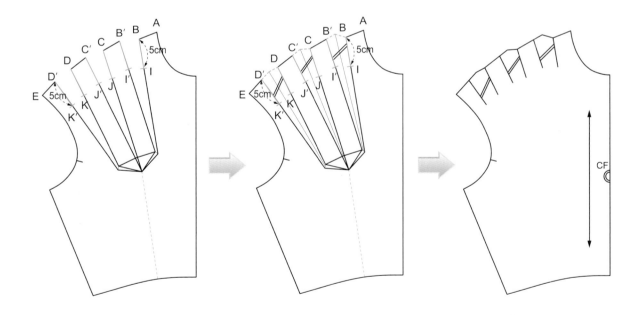

(5) 어깨다트를 턱(Tuck)으로 변형

- 분할된 다트 분량을 턱으로 변형한 디자인이다.
- 턱을 고정하기 위해 턱 완성선을 봉제한다.
- 턱 완성선을 봉제한 후, 완성선 아랫부분의 원단을 다려 턱 디자인을 표현한다.

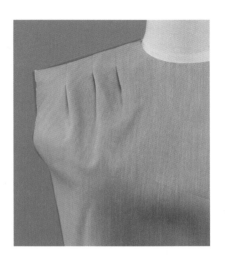

① 턱(Tuck) 길이 표시
- 패턴 준비 : 어깨다트 분할(B형) 패턴 준비
- 점(I), (I'), (J), (J'), (K), (K') : 어깨다트선의 이등분점(I), (I'), (J), (J'), (K), (K') 표시
  (BI = IF, B'I' = I'F, CJ = JG, C'J' = J'G, DK = KH, D'K' = K'H)

② 턱 완성선 표시
- 턱 길이 표시 : 어깨다트 위의 점(B), (B'), (C), (C'), (D), (D')와 점(I), (I'), (J), (J'), (K), (K')를 직선으로 연결

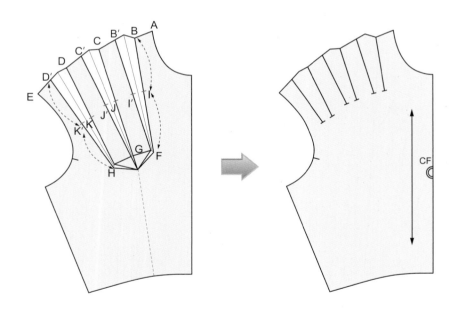

👒 턱 봉제 방법

- 직선(BI)와 직선(B'I')를 맞추어 봉제하고, 시접을 중심선쪽으로 접은 후 다린다.
- 직선(CJ)와 직선(C'J')를 맞추어 봉제하고, 시접을 중심선쪽으로 접은 후 다린다.
- 직선(DK)와 직선(D'K')를 맞추어 봉제하고, 시접을 중심선쪽으로 접은 후 다린다.

❹ 프린세스라인 Princess Line

- 프린세스라인은 원피스 드레스, 재킷 등 인체에 밀착되는 여성복의 상의 디자인에 주로 사용된다.
- 프린세스라인에는 진동둘레에서 B.P를 지나 허리선으로 연결되는 진동프린세스라인과, 어깨에서 B.P를 지나 허리선으로 연결되는 어깨프린세스라인이 있다.

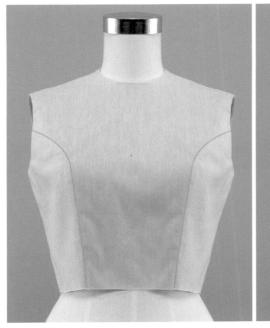
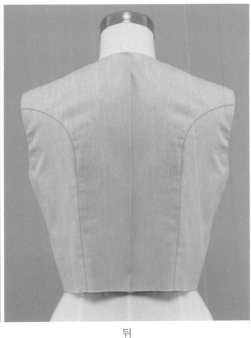

앞　　　　　　　　　　　　　　뒤

(1) 진동프린세스라인 앞판 제도

① 기초선 제도
- 패턴 준비 : 허리다트와 옆다트가 있는 기본형 바디스 앞판 패턴 준비
- 점(C) : 진동둘레선(AB)의 이등분점(C) 표시 (AC = AB/2)
- 직선(C~B.P) : 점(C)와 다트포인트(B.P)를 직선으로 연결
- 점(D) : 직선(C~B.P)의 이등분점(D) 표시 (CD = (C~B.P)/2)
- 점(E) : 점(D)에서 1cm 올라간 점(E) 표시 (DE = 1cm)

② 앞프린세스라인 제도
- 점(C), 점(E), B.P, 점(G)를 곡선으로 연결
- 점(C), 점(E), B.P, 점(F)를 곡선으로 연결

※ B.P 위쪽 곡선(C~E~B.P)는 프렌치커브자를 사용하여 볼록하게 연결
※ B.P 아래쪽 곡선(B.P~G), (B.P~F)는 직선에 가까운 완만한 선으로 연결

③ 너치 표시 : 진동프린세스라인 위에 점(H), (I), (J) 표시
- 점(H) : B.P에서 위로 5cm 올라간 점 (H~B.P = 5cm)
- 점(I), (J) : B.P에서 아래로 5cm 내린 점 (I~B.P = J~B.P = 5cm)

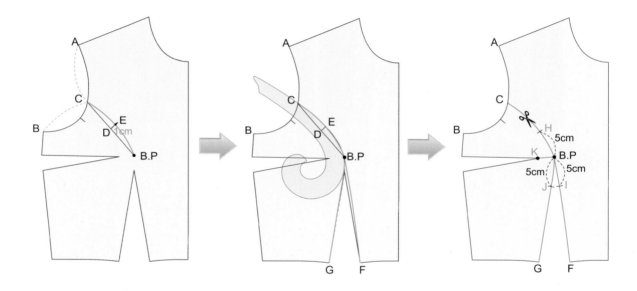

④ 패턴 분리
- 프린세스라인 절개 : 프린세스라인을 따라 앞중심 패턴과 옆판 패턴(사이드 패널)을 분리
- 직선(K~B.P) 절개 : 옆다트포인트(K)와 B.P를 직선으로 연결한 후 자른다.

⑤ 옆다트 삭제
- 옆다트 닫기 : 직선(KL)과 직선(KM)을 붙인다.
- 다트 이동(a~K~b) : 옆다트를 닫으면 직선(Ka)와 직선(Kb) 사이가 벌어진다.
- 이즈 분량(ab) : 이동된 다트 분량(ab)를 곡선으로 연결하고, 프린세스라인의 이즈 분량으로 사용한다.

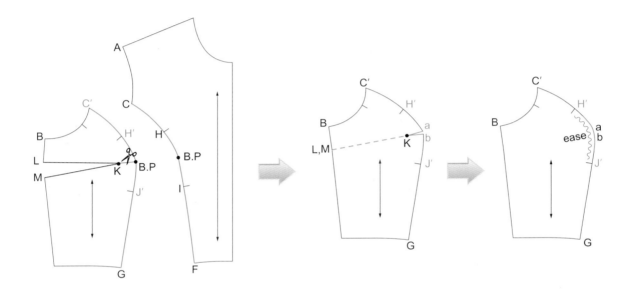

(2) 진동프린세스라인 뒤판 제도

① 기초선 제도
- 패턴 준비 : 허리다트와 어깨다트가 있는 기본형 바디스 뒤판 준비
- 점(Q) : 뒤진동둘레선(OP)의 1/3 지점에 점(Q) 표시 (OQ = OP/3)
- 직선(QR) : 점(Q)와 다트포인트(R)를 직선으로 연결
- 점(S) : 직선(QR)의 이등분점(S) 표시 (RS = QR/2)
- 점(T) : 점(S)에서 2cm 떨어진 점(T) 표시 (TS = 2cm)

② 프린세스라인(Q∼T∼R)
- 곡선(Q∼T∼R) : 점(Q), 점(T), 점(R)을 곡선으로 연결
- 곡선(TR)과 (QT)는 각각 프렌치커브자의 볼록한 부분을 이용하여 그린다.

③ 패턴 분리
- 너치 표시 : 프린세스라인 위의 점(R)에 너치 표시
- 프린세스라인 절개 : 프린세스라인을 따라 뒤중심 패턴과 옆판 패턴(사이드 패널)을 분리

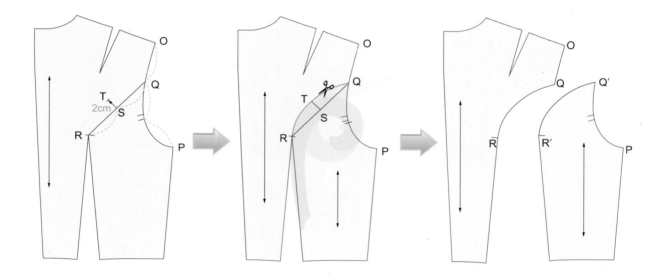

④ 진동다트(SV)

- 진동다트(SV) : 뒤어깨다트(T~S~U)의 다트포인트(S)에서 진동둘레선까지 수평선(SV)를 제도
- 직선(SV)를 진동둘레선에서 다트포인트까지 절개

⑤ 어깨다트(T~S~U) 이동

- 어깨다트(T~S~U) 닫기 : 직선(TS)와 직선(US)를 붙인다.
- 진동다트(V~S~V') 이동 : 절개선(SV) 사이가 벌어지면서 진동다트(V~S~V')가 생성된다.
- ※ 진동다트의 다트 분량(V~V')를 측정한다. (V~V' = ◆)

⑥ 진동둘레선 수정

- 진동다트(V~S~V') 삭제 : 진동다트를 삭제한다.
- 점(W) : 점(Q)에서 진동다트 분량(◆)만큼 위로 올라가 점(W) 표시 (QW = ◆)
- 곡선(OW) : 점(O)와 점(W)를 곡선으로 연결
- 곡선(WR) : 점(W)와 점(R)을 곡선으로 연결

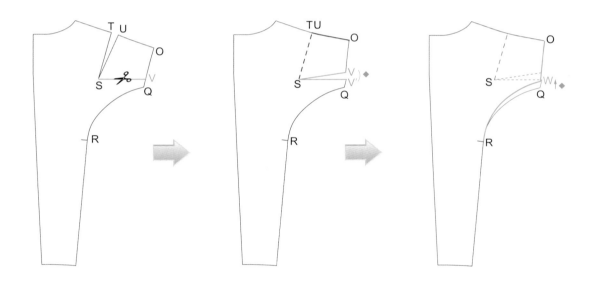

⑦ 프린세스라인 길이 측정 : 뒤중심 패턴의 프린세스라인(RW)과 옆판 패턴의 프린세스라인(R'Q') 길이를 측정

⑧ 프린세스라인 길이 맞춤

    – 점(R)과 점(R')를 고정한 상태에서 프린세스라인(RW)와 프린세스라인(R'Q')를 맞춘다.

    – 점(X) : 점(Q')와 점(W) 사이에 이등분점(X) 표시 (Q'X = XW)

    – 진동둘레선(O∼X∼P) : 점(O), (X), (P)를 지나는 곡선 연결

    – 뒤중심 패턴의 프린세스라인(RX)과 옆판 패턴의 프린세스라인(R'X')를 완성

⑨ 최종 완성

    – 패턴 분리 : 프린세스라인과 진동둘레선의 수정이 끝난 뒤중심 패턴과 옆판 패턴을 각각 분리

    – RX 길이 = R'X' 길이

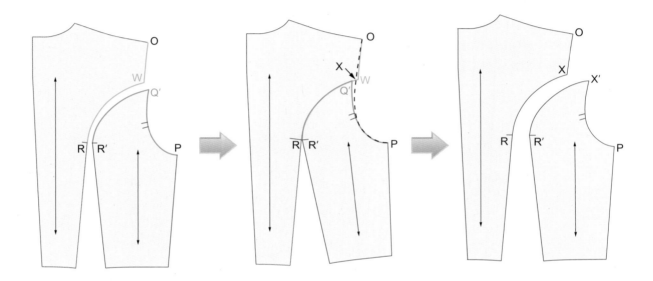

⑩ 시접 표시

- 목둘레선, 진동둘레선, 프린세스라인 : 1cm
- 옆선, 어깨선, 밑단선 : 1.5cm
- 앞중심선 : 골선으로 표시 (시접 분량 없음)
- 뒤중심선(지퍼 여밈) : 2cm

※ 뒤중심선에 단추를 부착하는 경우에는 여밈단 분량을 추가하여 재단한다.

◎ 완성

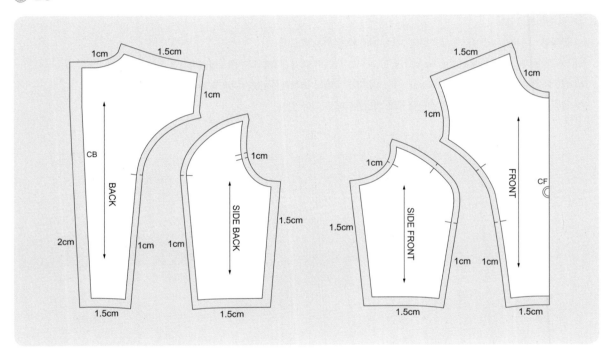

3. 슬리브 패턴

A. 기본형 슬리브 패턴 BASIC SLEEVE PATTERN

- 루즈핏 슬리브 패턴은 옆선이 직선으로 제도되며, 겨드랑점부터 소매밑단까지 직선으로 떨어지는 실루엣이다.
- 타이트핏 슬리브 패턴은 뒤소매의 팔꿈치선에 다트가 있는 패턴으로, 옆선이 다트를 지나면서 사선으로 꺾여 제도된다. 인체에 맞게 소매중심선은 팔꿈치 아래에서 앞소매쪽을 향해 기울어진다.

- **필요치수** : 여성복 소매(슬리브, Sleeve) 패턴 제도에 필요한 치수는 옷을 착용할 모델의 팔길이와 기본형 바디스 패턴에서 측정한 앞·뒤 진동둘레이다.
  - (a) 팔길이 : 어깨가쪽점에서 노뼈위점을 지나 손목안쪽점까지의 길이
  - (b) 앞진동둘레(F.AH, Front Arm Hole) : 앞판 바디스 패턴의 어깨가쪽점에서 겨드랑점까지의 길이
  - (c) 뒤진동둘레(B.AH, Back Arm Hole) : 뒤판 바디스 패턴의 어깨가쪽점에서 겨드랑점까지의 길이
  - (d) 진동둘레(AH, Arm Hole) : 앞진동둘레와 뒤진동둘레를 더한 길이

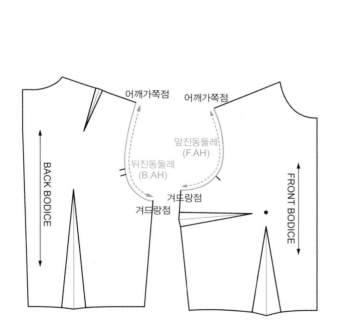

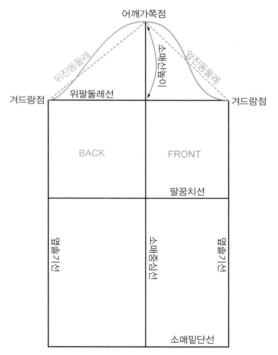

루즈핏 슬리브(Loose Fit Sleeve)

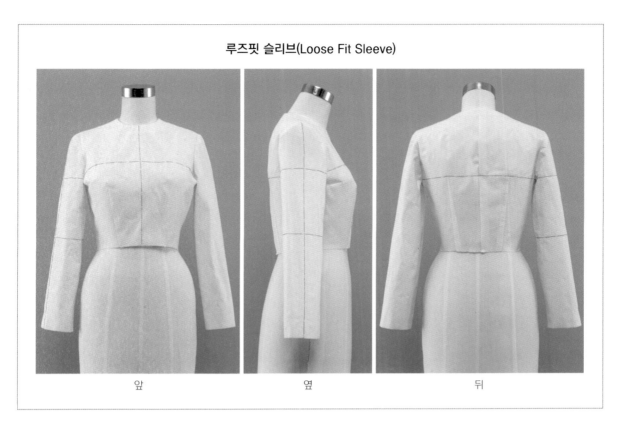

앞   옆   뒤

타이트핏 슬리브(Tight Fit Sleeve)

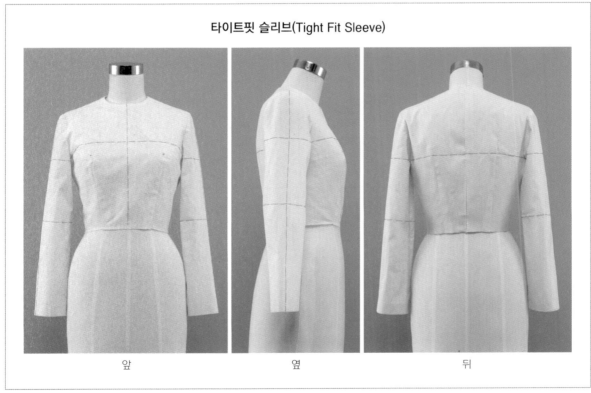

앞   옆   뒤

❶ 슬리브 원형 기초선 제도

(1) 팔길이(AB)

① 점(A)를 지나는 수평선 제도

② 점(B) : 점(A)에서 소매길이만큼 내려가 점(B) 표시
   (AB = 소매길이)

③ 점(B)를 지나는 수평선 제도

(2) 위팔둘레선

① 소매산높이(AC) : 점(A)에서 진동둘레/3만큼 내려가 점(C)
   표시 (AC = AH/3)

   ※ 진동둘레(AH, Arm Hole) = 앞판 바디스 패턴의 진동둘레
   (F.AH) + 뒤판 바디스 패턴의 진동둘레(B.AH)

② 점(C)를 지나는 수평선 제도

(3) 팔꿈치선

① 점(D) : 직선(AB)의 이등분선에서 아래로 2.5cm 내려가
   점(D) 표시 (AD = AB/2 + 2.5cm)

② 점(D)를 지나는 수평선 제도

(4) 진동둘레보조선

① 직선(AE) : 앞판 진동둘레 − 0.5cm인 직선(AE)를, 점(A)
   에서 시작하여 위팔둘레선의 오른쪽에 닿도록 제도
   (AE = F.AH − 0.5cm)

② 직선(AF) : 뒤판 진동둘레 + 0.5cm인 직선(AF)를, 점(A)
   에서 시작하여 위팔둘레선의 왼쪽에 닿도록 제도
   (AF = B.AH + 0.5cm)

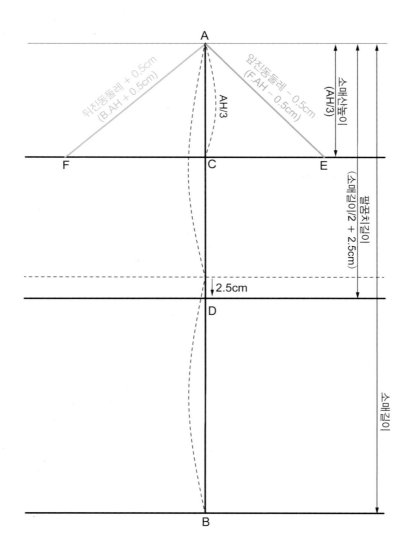

❷ 소매 진동둘레선 제도

(1) 앞소매 기준선
① 점(K) : 직선(CE)의 3등분점(K) 표시 (EK = CE/3 = ◎)
② 직선(AL) : 점(A)의 오른쪽에 직선(EK) 치수만큼 수평선
　(AL) 제도 (AL = EK = ◎)
③ 직선(LK) : 점(L)과 점(K)를 직선으로 연결
④ 점(M), (N) : 직선(LK)를 3등분하여 점(M)과 점(N) 표시
　(LM = MN = NK = LK/3)

(2) 뒤소매 기준선
① 점(P) : 점(F)에서 직선(EK)의 1/2만큼 떨어진 곳에 점(P)
　표시 (FP = EK/2)
② 점(O) : 점(A)의 왼쪽에 직선(EK) + 1cm 치수만큼 수평선
　(AO) 제도 (AO = EK + 1cm)
③ 직선(OP) : 점(O)과 점(P)를 직선으로 연결
④ 점(Q), (R) : 직선(OP)를 3등분하여 점(Q)와 점(R) 표시
　(OQ = QR = RP = OP/3)

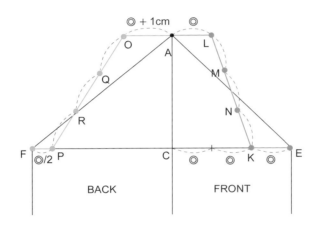

(3) 앞진동 보조점
① 점(L') : 점(L)에서 직선(AE)를 향해 그린 수선의 이등분점
② 점(M') : 점(M)에서 직선(AE)를 향해 그린 수선에서 0.2cm
　내린 점
③ 점(N') : 점(N)에서 직선(AE)를 향해 그린 수선에서 0.2cm
　올린 점
④ 점(K') : 점(K)에서 직선(AE)를 향해 그린 수선의 이등분점

(4) 뒤진동 보조점
① 점(O') : 점(O)에서 직선(AF)를 향해 그린 수선의 이등분점
② 점(Q') : 점(Q)에서 직선(AF)를 향해 그린 수선에서 0.5cm
　내린 점
③ 점(P') : 점(P)에서 직선(AF)를 향해 그린 수선의 2/3 지점

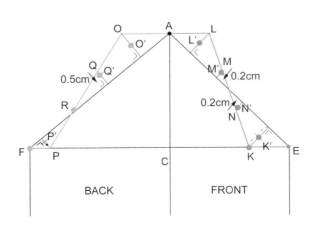

(5) 소매 진동둘레선 제도

① 뒤진동둘레선 : 어깨가쪽점(A)와 보조점(O'), (Q'), (R), (P'), 겨드랑점(F)를 곡선으로 연결
② 앞진동둘레선 : 어깨가쪽점(A)와 보조점(L'), (M'), (N'), (K'), 겨드랑점(F)를 곡선으로 연결

　　※ 앞·뒤 진동둘레선을 전체적으로 부드러운 곡선으로 연결
　　※ 겨드랑점(F) 부근의 곡선 형태는 앞진동둘레선(N'~K'~E)의 굴곡이 뒤진동둘레선(R~P'~F)보다 크다.

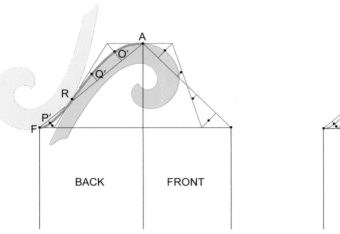

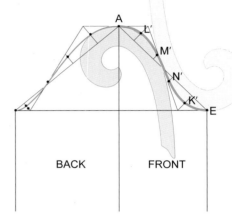

❸ 슬리브 원형 제도 완성

(1) 루즈핏 슬리브 원형의 완성

① 점(V), (U) : 점(H), 점(G)에서 2cm 안으로 들어가 점(V), 점(U) 표시
   (HV = UG = 2cm)

② 직선(FV) : 점(F)와 점(V) 연결

③ 점(J') : 직선(FV)와 팔꿈치선(IJ)가 만나는 점(J') 표시

④ 직선(EU) : 점(E)와 점(U) 연결

⑤ 점(I') : 직선(EU)와 팔꿈치선(IJ)가 만나는 점(I') 표시

⑥ 앞진동둘레 너치 : 앞진동둘레선의 1/3 지점에 너치점(S) 표시 (SE = AE/3)

⑦ 뒤진동둘레 너치

　 – 뒤진동둘레선의 1/3 지점에 너치점(T) 표시 (TF = AF/3)

　 – 점(T)에서 1cm 올라간 곳에 너치를 하나 더 표시

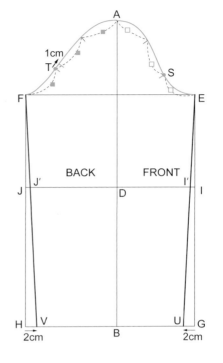

(2) 진동둘레곡선 정리

① 앞진동둘레곡선의 겨드랑점(E)와 뒤진동둘레곡선의 겨드랑점(F)를 맞춰 놓는다.

② 앞·뒤 진동둘레곡선이 자연스럽게 연결되도록 겨드랑 부위의 곡선을 수정한다.

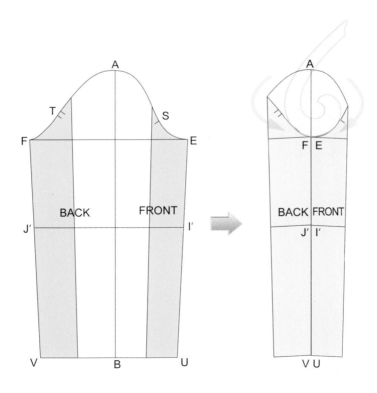

❹ 타이트핏 슬리브 제도

(1) 슬리브 밑단선

① 점(W) : 점(B)에서 1cm 떨어진 점(W) 표시 (BW = 1cm)

② 소매중심선(DW) : 점(W)와 점(D)를 직선으로 연결

　※ 몸에 밀착되는 타이트핏 슬리브는 팔꿈치선 아래의 소매중심선을
　　앞쪽으로 기울게 제도한다.

③ 점(Z) : 점(W)에서 11~12cm 떨어진 점(Z) 표시 (WZ = 11~12cm)

④ 직선(WY) : 점(W)에서 11~12cm 길이의 직선(WY)를, 소매밑단
　선에서 수직으로 1.5cm 내려가게 제도 (WY = 11~12cm)

⑤ 소매밑단선(Y~W~Z) : 점(Y), (W), (Z)를 완만한 곡선으로 연결
　※ 점(W)가 각지지 않도록 곡자를 이용하여 부드럽게 정리한다.

(2) 슬리브 옆선

① 옆선(E~I'~Z) : 점(E), 점(I'), 점(Z)를 연결
　※ 점(I')가 각지지 않도록 곡자를 이용하여 부드럽게 정리한다.

② 점(D') : 직선(DJ')의 이등분점(D') 표시 (DD' = DJ'/2)

③ 점(X) : 점(J')에서 1.5cm 내려간 점(X) 표시

④ 팔꿈치 다트(J'~D'~X) : 점(D')와 점(J')를 연결하고, 점(D')와
　점(X)를 연결

⑤ 직선(XY) : 점(X)와 점(Y)를 직선으로 연결

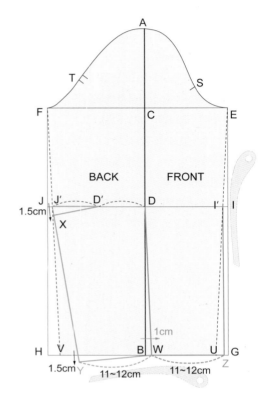

(3) 완성선 정리

① 팔꿈치 다트는 아래로 향하게 접는다.

② 팔꿈치 다트를 접은 상태에서 옆선을 완만한 곡선으로 정리
　한다.

③ 팔꿈치 다트의 다트산을 트레이싱한다.

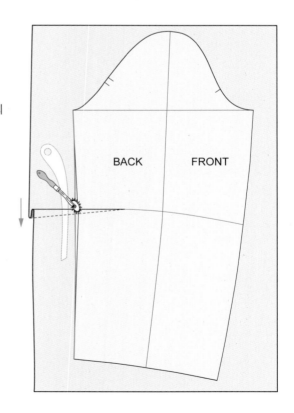

❺ 시접, 올방향 및 맞춤점 표시

(1) 패턴에 재단방향 표시 : 소매중심선과 평행하게 올방향을 화살표로 표시한다.

(2) 맞춤점 표시 : 바디스와 맞추어 봉제할 지점에 너치를 표시한다.

(3) 시접 표시 : 진동둘레선 1cm, 옆선 1.5cm, 소매밑단선 5cm

　　※ 소매밑단선의 시접 끝은 완성선을 따라 밑단 시접을 접은 상태에서 소매옆선 시접과 대칭되는 형태로 그린다.

◉ 완성

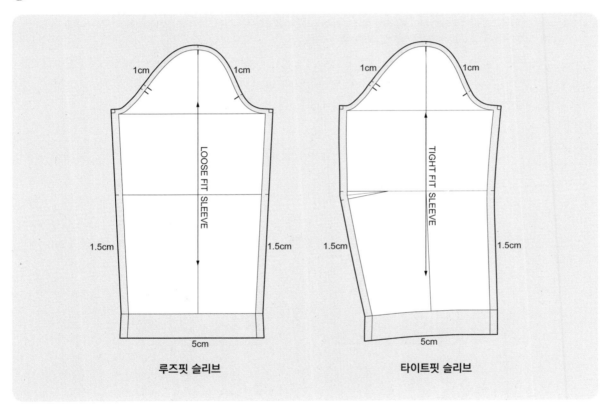

루즈핏 슬리브　　　　　　　　　　　　타이트핏 슬리브

🎩 슬리브와 바디스 진동둘레선의 맞춤(너치) 표시

① 뒤판 맞춤점(BN) 표시
- 곡선(FT) 길이 : 슬리브 패턴의 뒤겨드랑점(F)부터 맞춤점(T)까지 길이 측정
- 곡선(H〜BN) : 뒤판 바디스 패턴의 겨드랑점(H)로부터 곡선(FT) 길이와 동일한 거리만큼 떨어진 곳에 뒤판 맞춤점(BN)을 표시한다. (H〜BN = FT)

② 앞판 맞춤점(FN) 표시
- 곡선(ES) 길이 : 슬리브 패턴의 앞겨드랑점(E)부터 맞춤점(S)까지의 길이 측정
- 곡선(H〜FN) : 앞판 바디스 패턴의 겨드랑점(H)로부터 곡선(ES) 길이와 동일한 거리만큼 떨어진 곳에 앞판 맞춤점(FN)을 표시한다. (ES = H〜FN)

③ 이즈 분량(P〜A〜U)
- 소매와 몸판의 진동둘레길이 차이(P〜A〜U)가 소매산의 여유량(ease)이다.
- ※ 소매 패턴에서 소매산의 맞춤점 사이길이(TA + AS)는 바디스 패턴의 맞춤점 사이길이(BN〜P + U〜FN)보다 (P〜A〜U)만큼 더 길다.
- 소매 이즈 분량은 슬리브의 소매산을 입체적으로 만든다.

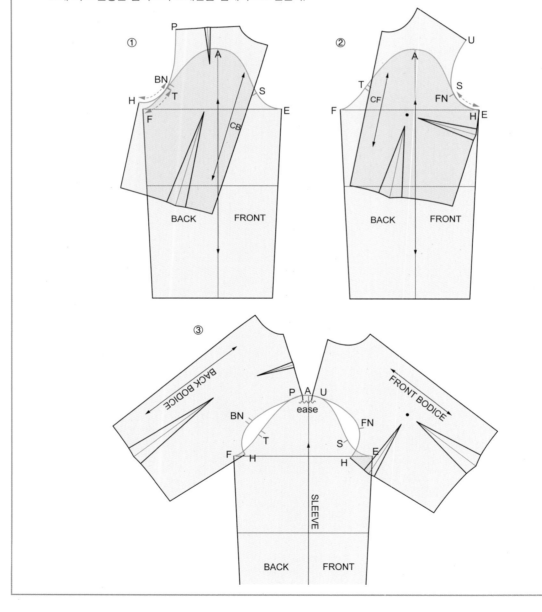

B. 슬리브 디자인 SLEEVE DESIGN

❶ 벨 슬리브 Bell Sleeve

- 벨 슬리브는 소매밑단에 플레어가 많고, 손목 커프스는 없는 소매이다.
- 진동둘레는 기본형 슬리브와 같으나, 아래로 갈수록 폭이 넓어지는 종(Bell) 모양의 디자인이다.
- 플레어 분량은 디자인에 맞춰 다양하게 설정한다.

(1) 보조선 그리기

① 패턴 준비 : 루스핏 슬리브 원형 패턴 준비

② 직선(MC), (NH) : 점(M), (N)에서 소매밑단까지 수직선(MC), (NH) 표시

③ 앞판 보조점(F), (G) : 소매통의 앞폭(BH)를 3등분한 점(F), (G) 표시 (BF = FG = GH)

④ 뒤판 보조점(D), (E) : 소매통의 뒤폭(BC)를 3등분한 점(D), (E) 표시 (CD = DE = EB)

⑤ 진동둘레점(I), (J), (K), (L)

　– 보조점(D), (E), (F), (G)에서 진동둘레선을 향해 수직선 표시

　– 수직선과 진동둘레선이 만나는 점(I), (J), (K), (L) 표시

⑥ 보조선 절개 : 직선(ID), (JE), (AB), (KF), (LG)를 밑단에서 진동둘레선까지 절개

　※ 보조선 절개는 진동둘레선 위의 점(I), (J), (A), (K), (L)에서 0.1~0.2cm 떨어진 지점까지만 한다. 진동둘레선의 끝까지 완전히 절
　　개하면 절개된 패턴 조각들을 벌려서 플레어를 줄 때 패턴 배치 중심을 잡기 어렵다.

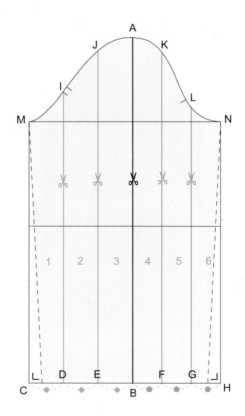

(2) 플레어 제도

① 플레어 벌림 : 진동둘레점(I), (J), (A), (K), (L)을 각각 고정시킨 상태에서 밑단 플레어를 벌린다.

　※ 소매중심 : 패턴 조각(2)～(3), (3)～(4), (4)～(5) 사이를 8cm씩 벌린다. (EE' = B'B" = FF' = 8cm)

　※ 소매옆선 : 패턴 조각(1)～(2), (5)～(6) 사이를 4cm씩 벌린다. (DD' = GG' = 4cm)

② 진동둘레선 수정 : 곡자를 이용하여 진동둘레선(I～J～A～K～L)을 각진 부분 없이 매끄럽게 수정

③ 밑단선 수정 : 곡자를 이용하여 플레어 밑단선 (C～H)를 매끄럽게 수정

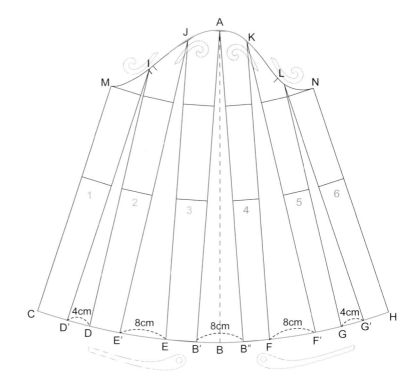

(3) 시접 표시

① 옆선 : 1.5cm

② 진동둘레 : 1cm

③ 슬리브 밑단 : 1.5cm (밑단 말아박기 봉제를 위한 시접 분량)

◉ 완성

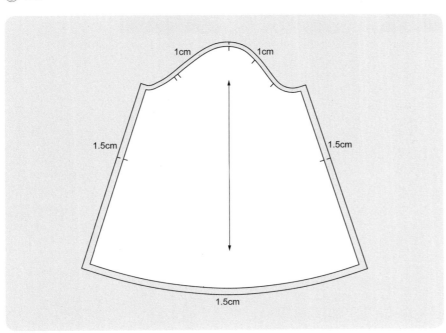

❷ 비숍 슬리브 Bishop Sleeve

- 비숍 슬리브는 소매부리에 풍성한 개더가 있는 소매이다.
- 소매단의 개더 주름은 커프스로 고정한다.
- 벨 슬리브 패턴에서 밑단 커프스 분량을 잘라내고, 밑단의 플레어 분량을 개더 봉제하여 풍성한 주름을 만든다.
  ※ 플레어 분량은 디자인에 맞춰 다양하게 설정한다.

(1) 슬리브 길이 수정

① 패턴 준비 : 벨 슬리브 패턴을 준비한다.

    ※ 밑단의 전체 플레어 분량(32cm)을 개더 분량으로 사용한다. (DD' + EE' + B'B" + FF' + GG' = 32cm)

② 커프스 분량 자르기 : 슬리브 패턴의 몸판에서 커프스의 높이(5cm)만큼을 잘라내 길이를 수정한다. (CM = OH = 5cm)

    ※ 비숍 슬리브의 소매밑단선 = M~D"~N~G"~O

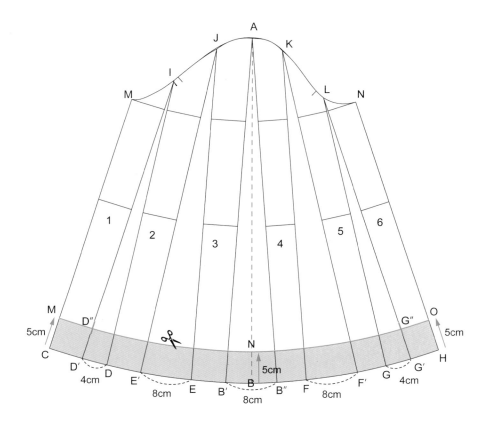

(2) 슬리브 밑단 곡선 수정

① 점(P) : 슬리브 뒤쪽 밑단너비(MN)의 이등분점(P) 표시 (MP = PN)

② 점(Q) : 점(P)에서 1.5cm 내린 점(Q) 표시 (PQ = 1.5cm)

③ 점(S) : 슬리브 앞쪽 밑단너비(ON)의 이등분점(S) 표시 (OS = SN)

④ 점(T) : 점(S)에서 1cm 올린 점(T) 표시 (ST = 1cm)

⑤ 점(M), (Q), (N), (T), (O)를 지나는 완만한 곡선을 그린다.

　　※ 뒤쪽 밑단선은 아래로 처지는 곡선, 앞쪽 밑단선은 위로 올라가는 곡선으로 제도한다.

(3) 완성선 정리

① 소매 트임(QR) : 뒤판 소매밑단의 점(Q)에서부터 6~7cm 길이의 소매 트임(QR) 표시 (QR = 6~7cm)

② 너치 표시 : 소매밑단에 개더 봉제의 시작점과 끝점 표시

　　※ 개더 시작점 : 패턴 조각(1)의 점(D")
　　※ 개더 끝점 : 패턴 조각(6)의 점(G")

(4) 커프스 제도

① 가로길이(UV) : 손목둘레 + 여유분(2~3cm) + 여밈단 분량(2.5cm) (UV = 23.5cm)

② 세로길이(VW) : 5cm (VW = 5cm)

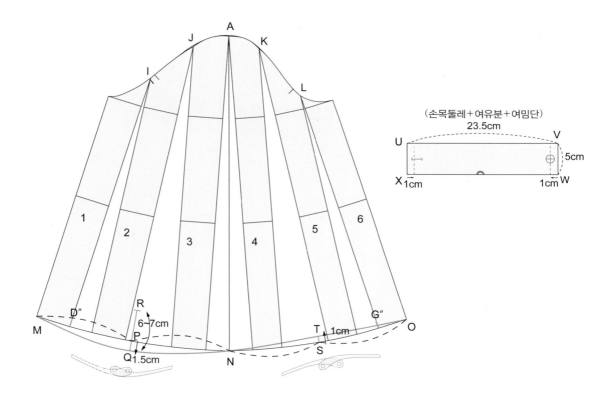

(5) 시접 표시

① 옆선 : 1.5cm

② 진동둘레, 밑단선, 커프스 : 1cm

◎ 완성

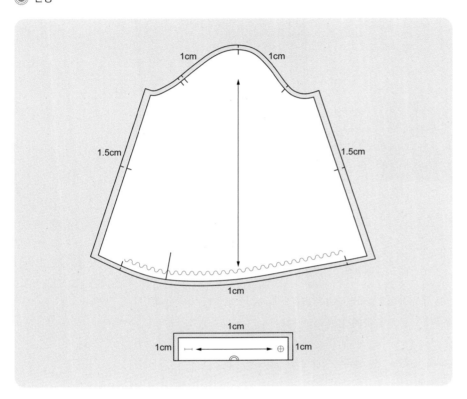

❸ 퍼프 슬리브 Puff Sleeve

(1) 소매밑단에 개더가 있는 퍼프 슬리브

· 소매밑단을 풍성하게 부풀려 개더 봉제한 짧은 소매 디자인
· 밑단의 개더를 고정하기 위해 커프스가 필요하다.

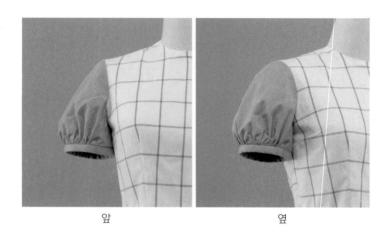

앞   옆

① 슬리브 길이 수정
   – 루즈핏 슬리브 원형 준비
   – 점(C), (H) : 겨드랑점(d), (b)에서 수직으로 5cm 내려간 점(C), (H) 표시 (dC = bH = 5cm)
   – 직선(CH) : 점(C)와 점(H)를 직선으로 연결하여 짧은 소매 완성
② 절개선 제도
   – 점(D), (E), (F), (G) : 소매밑단의 뒤폭(BC)와 앞폭(BH)를 각각 3등분한 점 표시
     (CD = DE = EB, BF = FG = GH)
   – 직선(DI), (EJ), (FK,) (GL) : 점(D), (E), (F), (G)에서 진동둘레선까지 수직선 제도
   – 절개 : 직선(DI), (EJ), (BA), (FK), (GL)을 밑단부터 진동둘레선까지 절개
   ※ 진동둘레선 위의 점(I), (J), (A), (K), (L)은 끝까지 자르지 않고 0.1~0.2cm 남긴 상태로 절개한다.

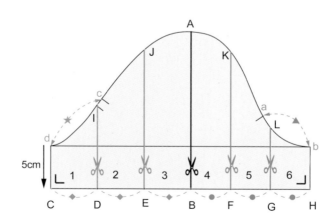

③ 개더 분량 제도 : 진동둘레선의 점(I), (J), (A), (K), (L)을 고정한 상태에서 패턴 조각(1)~(6) 사이를 개더 분량(20cm)만큼 벌린다. (DD' + EE' + B'B" + FF' + GG = 20cm)

※ 소매의 중심쪽 조각(패턴 조각(2)~(3), (3)~(4), (4)~(5))은 5cm 분량을 벌린다. (B'B" = EE' = FF' = 5cm)

※ 소매의 옆선쪽 조각(패턴 조각(1)~(2), (5)~(6))은 2.5cm 분량을 벌린다. (DD' = GG' = 2.5cm)

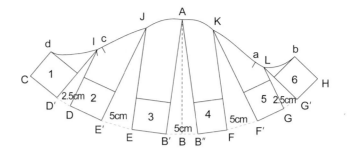

④ 진동둘레선 정리 : 진동둘레선(I~J~A~K~L)을 매끄럽게 수정한다.

⑤ 밑단선 정리

- 점(M) : 슬리브 밑단선의 중심점(B)에서 2.5cm 내린 점(M)을 표시한다. (BM = 2.5cm)

- 점(D'), 점(M), 점(G')를 곡선으로 연결한다.

- 개더 봉제의 시작점(D')와 끝점(G')에 너치 표시한다.

⑥ 커프스 : 밑단에 짧은 퍼프 슬리브용 커프스를 제도한다.

※ 가로길이(UV) = 위팔둘레 + 여유분(3~4cm) (UV = 30cm)

※ 세로길이(VW) = 디자인에 따라 설정 (VW = 1.5cm)

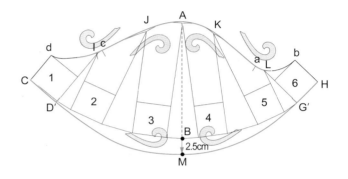

⑦ 시접 표시 : 옆선 1.5cm, 진동둘레선과 밑단선, 커프스 1cm

◎ 완성

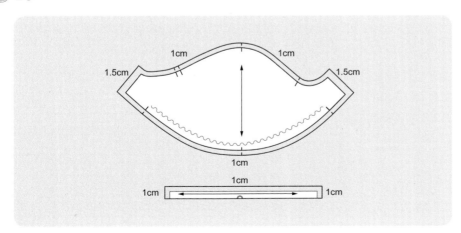

(2) 진동둘레를 부풀린 퍼프 슬리브

- 소매 진동둘레선을 풍성하게 부풀려 개더 봉제한 짧은 소매 디자인
- 소매밑단 시접은 안단을 연결하여 정리한다.

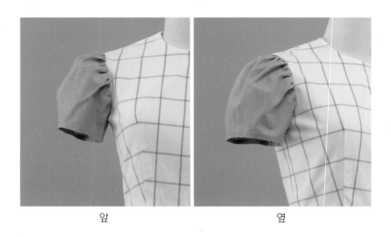

앞   옆

① 슬리브 절개선 제도

- 루즈핏 슬리브 원형 준비
- 소매길이를 겨드랑점(d, b) 아래로 5cm 내려간 길이로 짧게 수정한다. (dC = bH = 5cm)
- 소매밑단의 뒤폭(BC)와 앞폭(BH)를 각각 3등분한 점(D), (E), (F), (G)를 표시한다.
- 소매밑단의 점(D), (E), (B), (F), (G)에서 진동둘레선까지 연결한 수직선(DI), (EJ), (BA), (FK), (GL)을 따라 진동둘레선에 서부터 밑단까지 절개한다.
  ※ 밑단선의 점(D, E, B, F, G)는 끝까지 자르지 않고 0.1~0.2cm 남긴 상태로 절개한다.

② 개더 분량 제도

- 소매밑단선의 끝점(D), (E), (B), (F), (G)는 고정한다.
- 소매 중심쪽 조각(2)~(3), (3)~(4), (4)~(5) 사이는 5cm 주름 분량을 벌린다. (A'A" = JJ' = KK' = 5cm)
- 소매 옆선쪽 조각(1)~(2), (5)~(6) 사이는 2.5cm 주름 분량을 벌린다. (II' = LL' = 2.5cm)

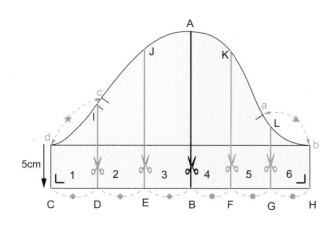

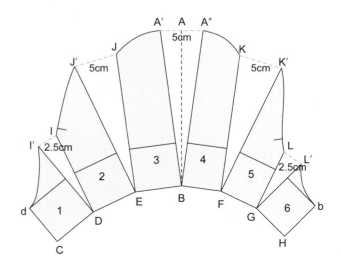

③ 진동둘레선 정리

- 점(M) : 점(A)에서 2.5cm 올려서 점(M)을 표시한다.

  (AM = 2.5cm)

  ※ 어깨가쪽점(A)에서 올라간 분량만큼 퍼프 슬리브의 주름이 위쪽 방향으로 풍성하게 만들어진다.

- 점(I'), 점(M), 점(L')를 곡자를 이용하여 연결한다.

- 앞과 뒤 진동둘레선에 너치를 표시한다.

  ※ 바디스 원형의 진동둘레너치와 같은 위치에 표시 (앞진동 너치위치(ab) = ▲, 뒤진동 너치위치(cd) = ★)

  ※ 슬리브 패턴의 진동둘레 너치(a), (c)를 개더 봉제의 시작점과 끝점으로 사용한다.

④ 소매밑단선의 점(D), (E), (B), (F), (G)를 매끄럽게 정리한다.

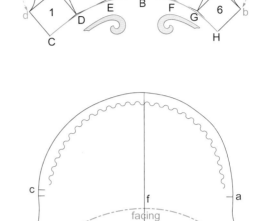

⑤ 안단 제도 : 소매밑단선에서 2.5cm 올라간 평행선을 그린다.

  (Ce = Bf = Hg = 2.5cm)

  ※ 소매밑단선의 커브가 급한 곡선으로 제도된 경우, 소매밑단곡선을 따라 안단 패턴을 별도로 제작한다.

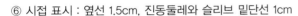

⑥ 시접 표시 : 옆선 1.5cm, 진동둘레와 슬리브 밑단선 1cm

  ※ 안단의 위쪽 완성선은 다른 패턴 조각과 함께 봉제되는 부분이 아니기 때문에 별도의 시접이 필요하지 않다. 안단의 위쪽 끝은 시접 없이 완성선을 따라 오버로크 처리한다.

◎ 완성

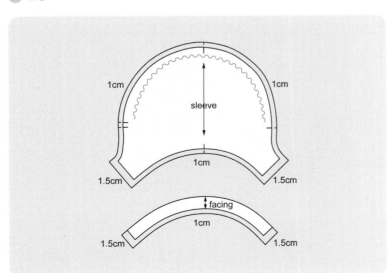

(3) 진동둘레와 소매밑단을 모두 부풀린 퍼프 슬리브

- 진동둘레와 소매밑단을 모두 부풀린 짧은 소매 디자인
- 소매밑단의 개더를 고정하기 위해 커프스가 필요하다.

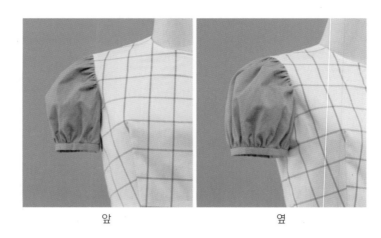

앞   옆

① 패턴 준비 : 기본형 슬리브 패턴의 소매길이를 수정한다. (소매밑단에 개더가 있는 퍼프 슬리브와 동일)

   ※ 겨드랑점 아래 5cm 길이인 짧은 소매 (dC = bH = 5cm)

② 절개선 표시

   – 소매밑단의 뒤폭(BC)과 앞폭(BH)를 각각 3등분한 점(D), (E), (F), (G)를 표시

   – 소매밑단의 점(D), (E), (B), (F), (G)에서 진동둘레선까지 연결한 직선(DI), (EJ), (BA), (FK), (GL)을 따라 밑단선부터 진동둘레선까지 절개

③ 개더 분량 제도

   – 소매 중심쪽 패턴 조각(2)~(3), (3)~(4), (4)~(5) 사이를 5cm 간격으로 평행하게 벌린다. (JJ' = EE' = 5cm, A'A" = B'B" = 5cm, KK' = FF' = 5cm)

   – 소매 옆선쪽 패턴 조각(1)~(2), (5)~(6) 사이는 2.5cm 간격으로 평행하게 벌린다. (II' = DD' = 2.5cm, LL' = GG' = 2.5cm)

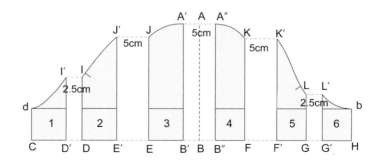

⑤ 진동둘레선 제도
- 점(M) : 소매 개더의 볼륨을 풍성하게 만들기 위해 중심점(A)에서 2.5cm 올라간 곳에 점(M) 표시 (AM = 2.5cm)
- 점(d), 점(I'), 점(M), 점(L'), 점(b)를 지나는 곡선을 그린다.
⑥ 소매밑단선 제도
- 점(N) : 소매 개더의 볼륨을 풍성하게 만들기 위해 중심점(B)에서 2.5cm 내려간 곳에 점(N) 표시 (BN = 2.5cm)
- 점(C), 점(N), 점(H)를 지나는 곡선을 그린다.
⑦ 너치 표시 : 기본형 슬리브의 너치와 같은 위치에 앞진동둘레 너치(a), 뒤진동둘레 너치(c)를 표시
※ 점(a)와 점(c)는 진동둘레 개더 봉제의 시작과 끝점으로 사용한다.
※ 점(D')와 점(G')는 밑단 개더 봉제의 시작과 끝점으로 사용한다.

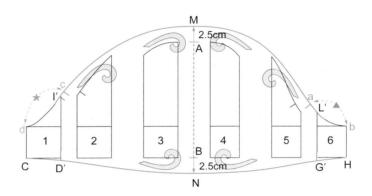

⑧ 커프스 제도
- 가로길이 : 30cm
- 세로길이 : 1.5cm
⑨ 시접 표시 : 옆선 1.5cm, 진동둘레선, 소매밑단선, 커프스 1cm

◎ 완성

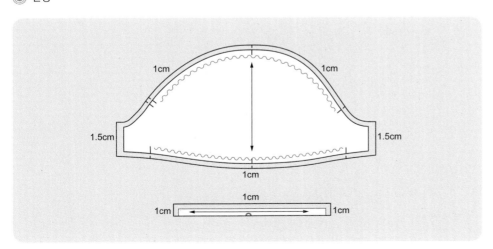

❹ 랜턴 슬리브 Lantern Sleeve

- 소매 중간의 절개선을 따라 소매 패턴을 상하로 분리한다.
- 분리된 절개선의 위, 아래에 동일한 플레어 분량을 넣어 둥글게 부푼 등(Lantern) 모양을 만든다.
- 소매밑단 시접은 안단을 연결하여 정리한다.

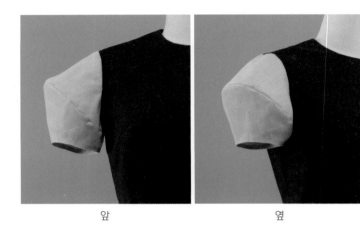

앞   옆

(1) 소매길이 수정
루즈핏 슬리브 원형 패턴의 소매길이를 짧게 수정한다.

※ 겨드랑점 아래 5cm 길이로 수정 (FD = EC = 5cm)

(2) 보조선 표시
① 밑단의 앞폭(BC)와 뒤폭(BD)의 3등분점을 표시한다.
② 3등분점에서 진동둘레선까지 수직선을 표시한다.

(3) 소매 디자인선 표시
① 점(K) : 소매중심선(AB)의 이등분점(K)를 표시한다.

(AK = KB)

② 점(L), (M) : 옆선(CE), (DF)의 이등분점(L), (M)을 표시한다.
(EL = LC, FM = MD)
③ 점(M), (K), (L)을 곡선으로 연결한다.

(4) 소매 옆선 수정
① 점(I), (J) : 옆선의 끝점(C), (D)에서 안쪽으로 1cm 들어
간 점(I), (J)를 표시한다. (CI = DJ = 1cm)
② 점(E)와 점(I)를 직선으로 연결, 점(F)와 점(J)를 직선으로
연결한다.

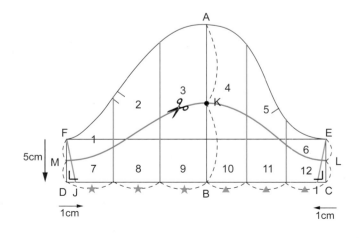

(5) 패턴 분리

위소매와 아래소매를 디자인선을 따라 분리한다.

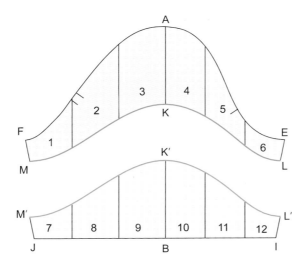

(6) 위소매 플레어 벌림

① 위소매 패턴의 보조선을 자른다.

② 위소매 패턴의 패턴 조각을 플레어 분량(16cm)만큼 벌린다.

 ※ 중심쪽 조각(2)~(3), (3)~(4), (4)~(5) 사이는 4cm를 벌린다.

 ※ 옆선쪽 조각(1)~(2), (5)~(6) 사이는 2cm를 벌린다.

(7) 아래소매 플레어 벌림

① 아래소매 패턴의 보조선을 자른다.

② 아래소매 패턴의 패턴 조각 사이를 플레어 분량(16cm)만큼 벌린다.

 ※ 중심쪽 조각(8)~(9), (9)~(10), (10)~(11) 사이는 4cm를 벌린다.

 ※ 옆선쪽 조각(7)~(8), (11)~(12) 사이는 2cm를 벌린다.

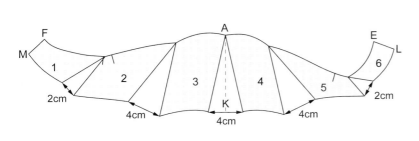

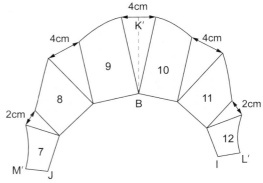

(8) 위소매 완성선 정리

① 점(N) : 중심점(K)에서 2cm 내려간 곳에 점(N)을 표시한다. (KN = 2cm)

② 점(M), 점(N), 점(L)을 지나는 아래로 볼록한 곡선을 그린다.

③ 점(F)부터 점(E)까지 진동둘레선을 매끄럽게 정리한다.

(9) 아래소매 완성선 정리

① 점(N') : 중심점(K')에서 2cm 올라간 곳에 점(N')를 표시한다. (K'N' = 2cm)

② 점(M'), 점(N'), 점(L')를 지나는 위로 볼록한 곡선을 그린다.

③ 점(J)부터 점(I)까지 밑단선을 매끄럽게 정리한다.

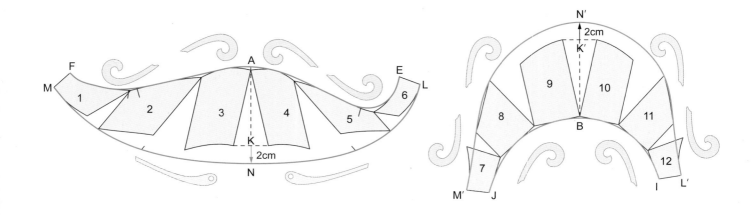

(10) 봉제선 길이 맞춤

① 위소매의 디자인선(M~N~L)과 아래소매의 디자인선(M'~N'~L')는 서로 봉제되는 선이기 때문에, 두 곡선의 길이를 동일하게 맞춘다. (M~N~L= M'~N'~L')

② 위소매와 아래소매에 봉제 맞춤 너치를 표시한다. (MQ = M'Q', QN = Q'N', NR = N'R', RL= R'L')

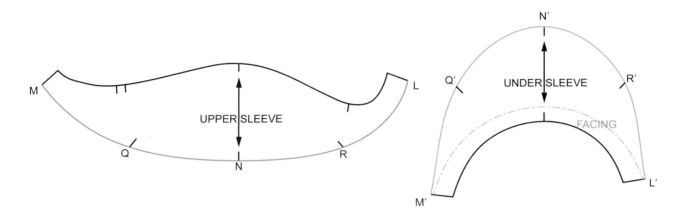

(11) 시접 표시

① 진동둘레선 : 1cm

② 옆선 : 1.5cm

③ 소매밑단 : 1cm

◎ 완성

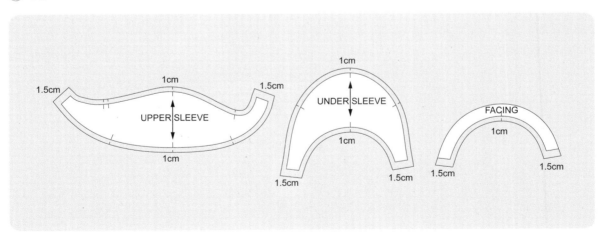

❺ 페털 슬리브 Petal Sleeve

• 앞·뒤 소매 패턴이 소매산에서 겹치면서 소매밑단을 향해 풍성하게 퍼지는 디자인
• 소매산의 겹친 부분이 꽃잎(Petal)이 포개진 것같이 보인다.

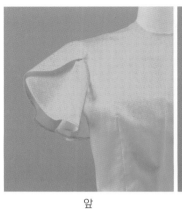 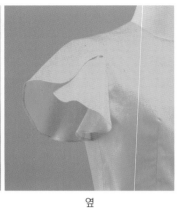

앞   옆

(1) 패턴 준비

① 소매길이 수정 : 루즈핏 슬리브의 소매길이를 짧게 수정
한다.
　※ 겨드랑점(F), (E) 아래 7cm 길이의 짧은 소매 (FD = EC = 7cm)
② 플레어 절개선 제도 : 앞폭(BC)와 뒤폭(BD)를 각각 4등
분하는 수직선을 표시한다.

(2) 소매 겹침분 제도

① 점(J) : 뒤소매의 진동둘레선(AF)를 3등분한 후, 소매 중
심에 가까운 점(J)를 앞소매의 시작점으로 표시한다.
② 곡선(JC) : 점(J)와 점(C)를 곡선으로 연결한다.

③ 점(I) : 앞소매의 진동둘레선(AE)를 3등분한 후, 소매 중
심에 가까운 점(I)를 뒤소매의 시작점으로 표시한다.
④ 곡선(ID) : 점(I)와 점(D)를 곡선으로 연결한다.

(3) 패턴 분리

① 점(K) : 앞소매 곡선(JC)와 뒤소매 곡선(ID)가 교차하는
점(K)를 표시한다.
② 앞소매와 뒤소매를 곡선(J~K~C)와 곡선(I~K~D)를 따
라 분리한다.
　※ 소매산의 조각(J~A~I~K)는 앞소매와 뒤소매 패턴이 겹치
는 부분이다.

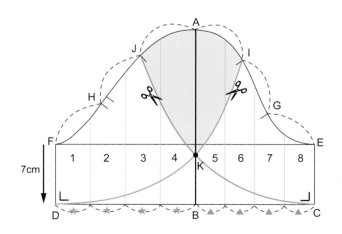

(4) 뒤소매 패턴 제도

① 절개 : 뒤소매를 보조선을 따라 자른다.

    ※ 소매밑단(I~K~D)에서 진동둘레선까지 자른다.

    ※ 진동둘레선은 끝까지 자르지 않고 0.1~0.2cm 남긴다.

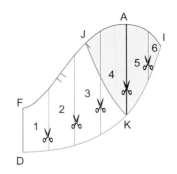

② 밑단 플레어

  – 직선(LL') : 제도지 위에 수평보조선(LL')를 긋는다.

  – 수평보조선(LL')와 90°를 이루는 수직선을 긋는다.

  – 점(A), (K) : 제도지에 그은 수직선 위에 소매 패턴의
    점(A)를 맞춰놓고, 뒤소매 패턴의 중심선(AK)를 표
    시한다.

  – 절개한 패턴 조각 중 옆선쪽 조각(1)의 겨드랑점(F)
    를 수평보조선(LL')에 고정한다.

  – 뒤소매 패턴 조각(1)~(6) 사이를 고르게 벌린다.

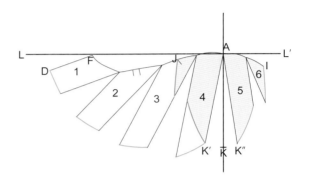

③ 완성선 정리

  – 점(D') : 소매밑단 곡선의 끝점(D)를 수평선(LL')까지 연장하여 만나는 점(D')를 표시한다.

  – 진동둘레선(F~J~A~I)와 소매밑단선(D'~D~K'~I)를 매끄럽게 정리한다.

  – 점(M) : 소매중심선(AK)와 소매밑단선(D'~D~K'~I)가 만나는 점(M)을 표시한다.

  – 곡선(JM) : 뒤소매 패턴과 앞소매 패턴의 교차선(JM)을 표시한다.

  ※ 곡선(JM)과 곡선(IM)은 중심선(AM)을 기준으로 대칭

  – 점(J)와 점(A)에 너치를 표시한다.

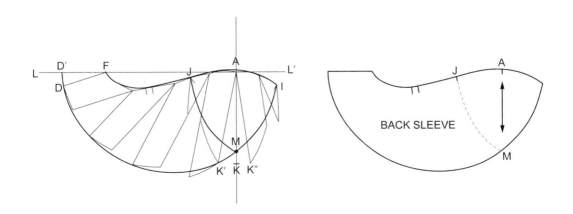

(5) 앞소매 패턴 제도

① 절개 : 앞소매를 보조선을 따라 자른다.

　　※ 소매밑단(J~K~C)에서 진동둘레선까지 자른다.

　　※ 진동둘레선은 끝까지 자르지 않고 0.1~0.2cm 남긴다.

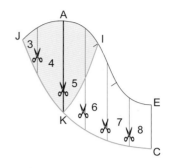

② 밑단 플레어

　　– 직선(NN') : 제도지 위에 수평보조선(NN')를 긋는다.

　　– 수평보조선(NN')와 90°를 이루는 수직선을 긋는다.

　　– 점(A), (K) : 수직선 위에 소매 패턴의 점(A)를 맞춰
　　　놓고, 앞소매 중심선(AK)를 표시한다.

　　– 패턴 조각(8)의 겨드랑점(E)를 수평보조선(NN')에
　　　고정한다.

　　– 앞소매 패턴 조각(3)~(8) 사이를 고르게 벌린다.

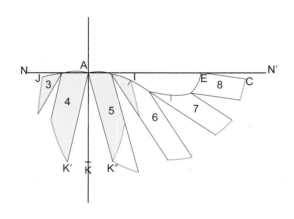

③ 완성선 정리

　　– 점(C') : 소매밑단 곡선의 끝점(C)를 수평선(NN')까지 연장하여 만나는 점(C')를 표시한다.

　　– 진동둘레선(J~A~I~E)와 소매밑단선(J~K"~C~C')를 매끄럽게 정리한다.

　　– 점(O) : 소매 중심선(AK)와 소매밑단선(J~K"~C~C')가 만나는 점(O)를 표시한다.

　　– 곡선(IO) : 앞소매 패턴과 뒤소매 패턴이 교차선(IO)를 표시한다.

　　※ 곡선(IO)와 곡선(JO)는 중심선(AO)를 기준으로 대칭

　　– 점(A)와 점(I)에 너치를 표시한다.

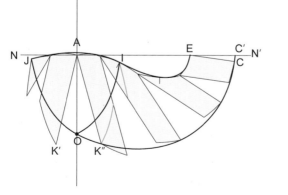

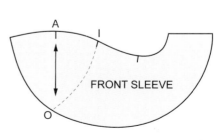

FRONT SLEEVE

(6) 시접 표시

① 진동둘레선 : 1cm

② 옆선 : 1.5cm

③ 소매밑단 : 1.5cm (밑단 말아박기 봉제를 위한 시접 분량)

◎ 완성

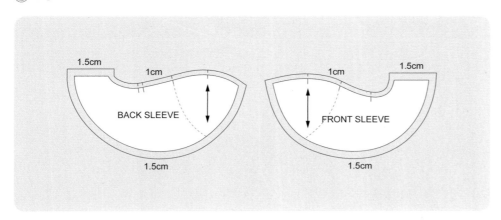

❻ 레그 오브 머튼 슬리브 Leg of Mutton Sleeve

- 소매의 진동둘레에 풍성한 주름이 있고, 팔꿈치부터 팔목까지 타이트하게 밀착된다.
- 양의 다리(Leg of Mutton) 모양의 긴 소매이다.
- 디자인에 맞춰 주름 분량을 다양하게 조절한다.

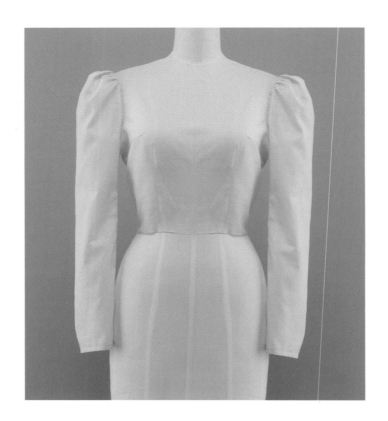

(1) 패턴 준비

팔꿈치 다트가 있는 타이트핏 슬리브 원형 패턴을 준비한다.

(2) 보조선 제도

① 앞진동둘레선(AC)와 뒤진동둘레선(AD)를 각각 3등분한다.

② 점(K), (FN), (L), (BN) : 점(A)로부터 앞·뒤 진동둘레의 1/3 지점인 점(K)와 점(L)에는 개더의 시작점과 끝점을 표시하고, 2/3 지점에는 앞진동너치(FN, Front Notch)와 뒤진동너치(BN, Back Notch)를 표시한다. (AK = K~FN = FN~C, AL = L ~BN = BN~D)

③ 점(G) : 소매산 높이(AB)를 4등분하고, 3/4 지점에 점(G)를 표시한다. (AG = AB×3/4)

④ 점(H), (I) : 앞겨드랑점(C)와 팔꿈치점(E) 사이를 3등분하는 점(H), (I)를 표시한다. (CH = HI = IE)

　※ 점(H), (I)와 점(G)를 각각 직선으로 연결한다.

⑤ 점(J), (K) : 뒤겨드랑점(D)와 팔꿈치점(F) 사이를 3등분하는 점(J), (K)를 표시한다. (DJ = JK = KF)

　※ 점(J), (K)와 점(G)를 각각 직선으로 연결한다.

⑥ 보조선 절개 : 직선(AG), (GH), (GI), (GJ), (GK)를 자른다.

　※ 절개선의 끝점(H), (I), (J), (K)는 끝까지 자르지 않고 0.1~0.2cm를 남긴다.

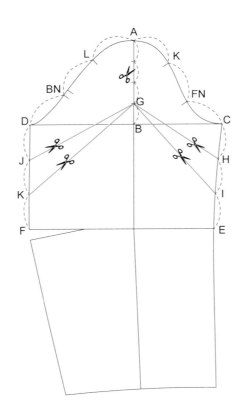

(3) 개더 분량 제도

① 점(A)에서 좌·우로 8cm 간격을 두고 패턴을 배치한다. (A~A1 = A~A2 = 8cm)

※ 진동둘레선에 총 16cm의 개더 분량을 만든다.

② 점(H), (I), (J), (K)를 붙인 상태에서 점(G)를 중심으로 패턴 간격(G~G1, G1~G2, G~G3, G3~G4)이 같도록 배열한다.
(G~G1 = G1~G2 = G~G3 = G3~G4)

(4) 진동둘레선 정리

① 점(A3) : 점(A)에서 수직으로 3cm를 올려서 점(A3)을 표시한다. (A~A3 = 3cm)

② 곡선(L~A3~K) : 점(L), 점(A3), 점(K)를 지나는 곡선을 그린다.

③ 개더너치 : 점(L)과 점(K)에 개더의 시작과 끝 너치를 표시한다.

(5) 옆선 정리

① 곡선(CE) : 점(H), 점(I) 부위가 각지지 않게 정리한다.

② 곡선(DF) : 점(J), 점(K) 부위가 각지지 않게 정리한다.

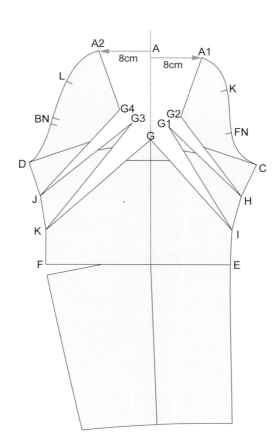

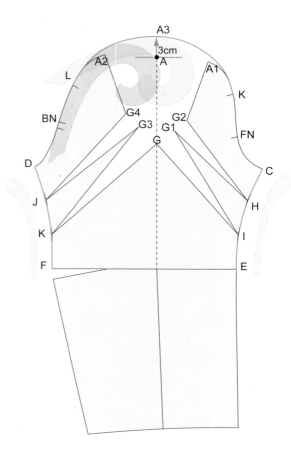

(6) 시접 표시

① 진동둘레 : 1cm

② 옆선 : 1.5cm

③ 밑단 : 1.5cm (밑단 말아박기 봉제를 위한 시접 분량)

◉ 완성

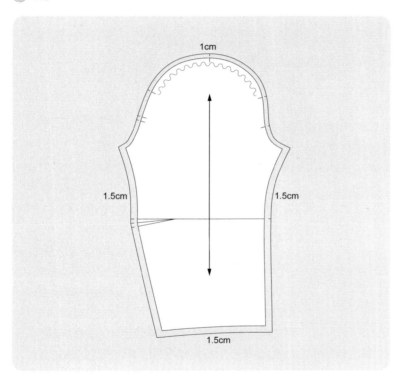

❼ 기모노 슬리브 Kimono Sleeve

- 앞판 바디스와 앞판 소매, 뒤판 바디스와 뒤판 소매가 각각 한 조각으로 연결된 형태이다.
- 몸판 패턴과 소매 패턴이 분리된 셋인 슬리브(Set-in sleeve)가 입체적인 소매 형태로 인체에 밀착되는 실루엣인 데 비해, 기모노 슬리브는 평면적인 소매 형태로 인체를 드러내지 않고 여유가 많은 것이 특징이다.

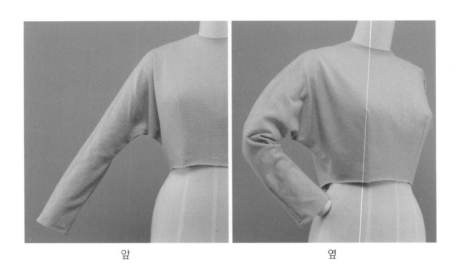

앞   옆

(1) 패턴 준비
기본형 바디스 패턴(앞·뒤)과 루즈핏 슬리브 패턴을 준비한다.

(2) 바디스 패턴(앞 · 뒤) 배치
① 직선(XX') : 제도지 위에 수직선(XX')를 그린다.
② 수직선(X)의 좌우로 1.5cm 떨어진 곳에 바디스 앞판의 어깨가쪽점(A)와 바디스 뒤판의 어깨가쪽점(B)를 고정한

후, 앞판의 목옆점(D)와 뒤판의 목옆점(E)가 수직선(XX')
위에 놓이게 배치한다. (AB = 3cm)

(3) 보조점(C) 표시
① 점(C) : 직선(AB)에서 1.5cm 올라가 점(C)를 표시한다.
② 점(C)에서 직선(AB)와 평행한 보조선을 그린다.

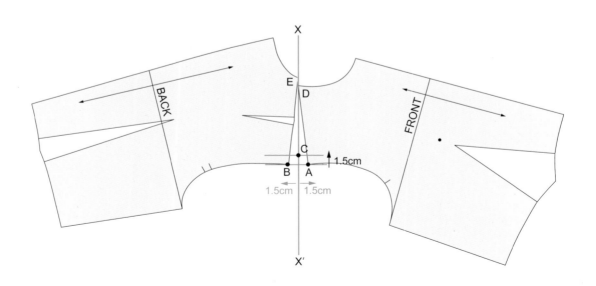

(4) 슬리브 패턴 배치

① 루즈핏 슬리브 패턴의 어깨가쪽점을 점(C)에 맞춘다.

② 점(C)를 고정한 상태에서, 앞판 바디스의 겨드랑점(F)에서 슬리브의 겨드랑점(G)까지의 간격(FG)와, 뒤판 바디스의 겨드랑점(H)에서 슬리브의 겨드랑점(I)까지의 간격(HI)가 같도록 슬리브 패턴을 배치시킨다. (FG = HI)

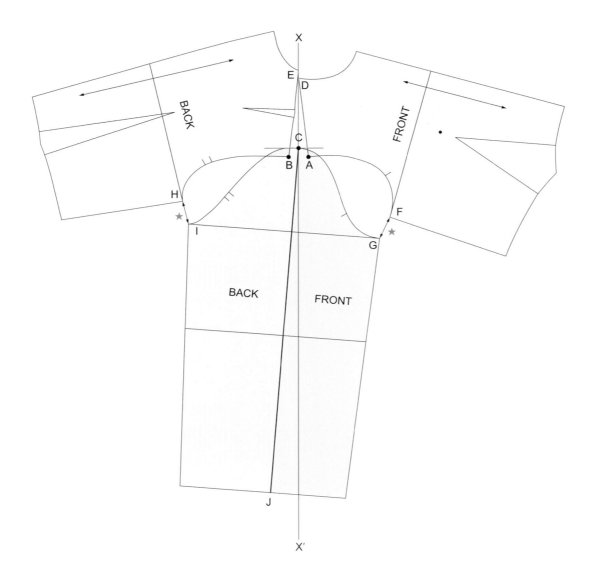

(5) 기모노 슬리브의 앞판 패턴

① 앞판 바디스의 목옆점(D), 어깨가쪽점(A), 소매중심점(J)를 각각 직선으로 연결한다.

② 직선(D~A~J)를 절개하여 기모노 슬리브의 앞판 패턴을 분리한다.

(6) 기모노 슬리브의 뒤판 패턴

① 뒤판 바디스의 목옆점(E), 어깨가쪽점(B), 소매중심점(J)를 각각 직선으로 연결한다.

② 직선(E~B~J)를 절개하여 기모노 슬리브의 뒤판 패턴을 분리한다.

(7) 겨드랑선 정리

① 앞판 패턴의 허리옆점(K)와 팔꿈치점(L)을 곡선으로 연결한다.

② 뒤판 패턴의 허리옆점(M)과 팔꿈치점(N)을 곡선으로 연결한다.

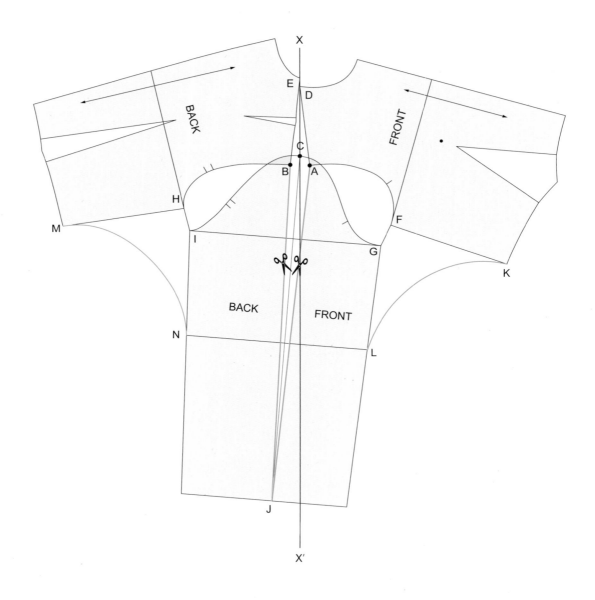

(8) 완성선 정리

① 점(R), (Q) : 겨드랑곡선(NM), (KL)의 이등분점(R), (Q)에 너치를 표시한다. (MR = RN, LQ = QK)

② 앞판 패턴의 어깨가쪽점(A) 부분을 각지지 않도록 정리한다.

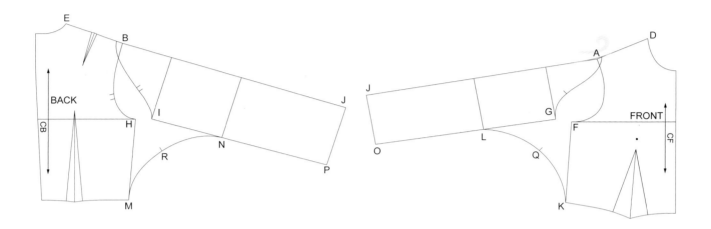

(9) 시접 표시

① 목둘레선 : 1cm

② 바디스 옆선, 바디스 밑단 : 1.5cm

③ 바디스 뒤중심선 : 2cm

④ 소매옆선 : 1.5cm

⑤ 소매밑단 : 3cm

◉ 완성

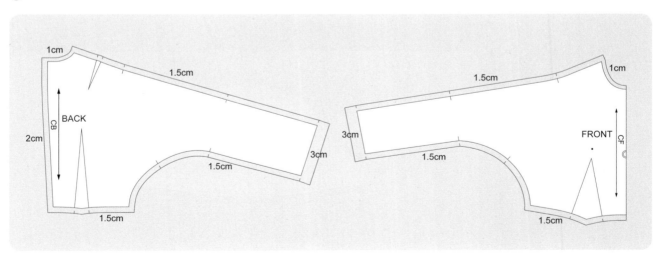

8 래글런 슬리브 Raglan Sleeve

- 바디스 패턴의 어깨 부위와 슬리브 패턴의 소매산이 연결된 소매 디자인이다.
- 활동성이 우수하여 캐주얼웨어나 스포츠웨어에 널리 사용된다.

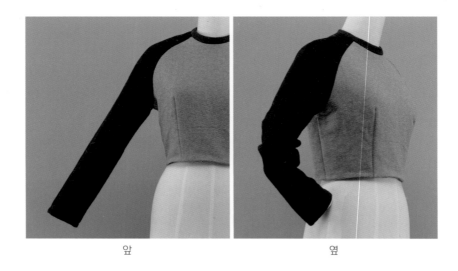

앞   옆

(1) 패턴 준비
바디스 원형(앞·뒤)과 루즈핏 슬리브 원형을 준비한다.

(2) 뒤판 바디스 수정
① 점(A) : 진동둘레선의 1/3 지점에 점(A)를 표시한다. (AC = CD/3)
② 절개 : 뒤어깨다트포인트와 점(A)를 직선으로 연결한 후 자른다.

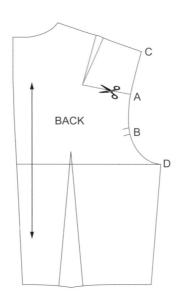

③ 뒤어깨다트를 닫고, 절개선(A)를 벌린다.

　　※ 뒤어깨다트를 닫아 생긴 진동둘레다트 분량(A∼A' = ★)은 래글런 슬리브의 진동둘레 여유량으로 사용한다.

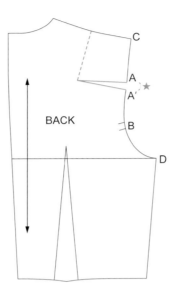

④ 점(D') : 뒤판 바디스의 겨드랑점(D)를 2cm 내린 점(D')를 표시한다. (DD' = 2cm)

　　※ 래글런 슬리브의 겨드랑 부위에 여유량으로 사용한다.

⑤ 뒤진동둘레곡선(C∼B∼D') : 어깨가쪽점(C), 뒤진동너치(B), 점(D')를 지나는 진동둘레선을 그린다.

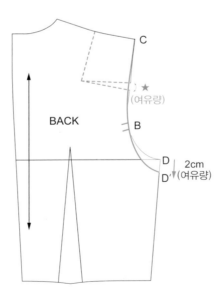

(3) 앞판 바디스 수정

① 허리다트포인트를 B.P에 맞춘다.

② 점(E) : 앞진동둘레선의 이등분점(E)를 표시한다. (GE = EH)

③ 직선(B.P∼E) : B.P에서 점(E)까지 직선으로 연결한다.

④ 절개 : 직선(B.P∼E)를 자른다.

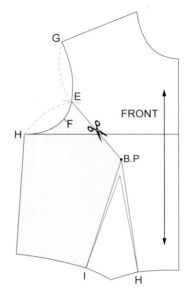

⑤ 앞진동둘레 다트 분량(EE')와 뒤진동둘레 다트 분량(AA' = ★)이 같아질 때까지 앞허리다트(I∼B.P∼H)의 다트 분량을 줄인다.

  ※ 허리다트를 일부 닫으면 점(I)가 점(I')로 이동한다.

  ※ 줄어든 허리다트 분량(I∼I')는 앞진동둘레 다트 분량(EE')로 이동된다. 다트 분량(EE')는 앞진동둘레 여유량으로 사용한다.

⑥ 점(H') : 앞판 바디스의 겨드랑점(H)를 2cm 내려 점(H')를 표시한다. (HH' = 2cm)

  ※ 내려간 분량만큼 래글런 슬리브의 겨드랑점에 여유량이 생긴다.

⑦ 점(E") : 진동둘레 다트 분량(EE')의 중간에 이등분점(E")를 표시한다.

⑧ 곡선(G∼E"∼H') : 점(G), 점(E"), 점(H')를 잇는 진동둘레곡선을 새로 그린다.

⑨ 허리다트 : 점(I')와 점(H)를 B.P에서 2.5cm 내려간 점과 직선으로 연결한다.

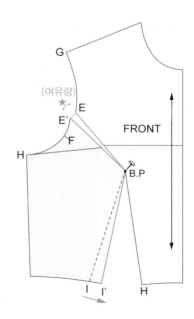

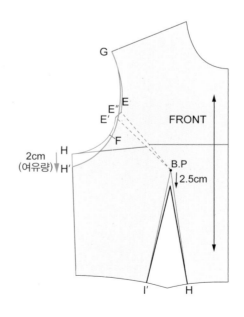

(4) 슬리브 진동둘레선 수정

① 점(J'), 점(K') : 슬리브 패턴의 겨드랑점(J), (K)에서 2cm 내려간 점(J'), 점(K')를 표시한다. (KK' = JJ' = 2cm)

② 슬리브 진동둘레선(K'~N~J') : 어깨가쪽점(N)에서 겨드랑점(J'), (K')를 연결한 진동둘레선을 그린다.

③ 앞·뒤 바디스 패턴의 겨드랑점(H'), (D')부터 진동너치(F), (B)까지의 길이를 각각 측정하고(FH' = ◆, BD' = ●), 슬리브 패턴의 동일한 위치에 진동둘레너치(L), (M)을 표시한다. (LJ' = FH', MK' = BD')

④ 점(O) : 슬리브의 어깨가쪽점(N)에서 1cm 올라간 점(O)를 표시한다. (NO = 1cm)

⑤ 직선(O'O") : 점(O)를 지나가는 수평선보조선(O'O")를 그린다.

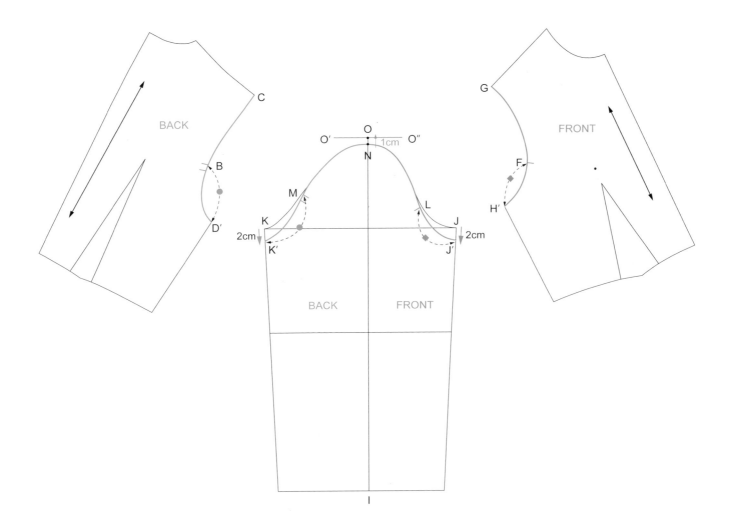

(5) 슬리브 패턴과 바디스 패턴의 맞춤

① 앞판 바디스의 진동둘레 맞춤점(F)와 슬리브의 앞진동둘레 맞춤점(L)을 맞춘 상태에서, 앞판의 어깨가쪽점(G)가 수평보
   조선(O'O")를 지나가도록 패턴을 배치한다.

② 뒤판 바디스의 진동둘레 맞춤점(B)와 슬리브의 뒤진동둘레 맞춤점(M)을 맞춘 상태에서, 뒤판의 어깨가쪽점(C)가 수평보
   조선(O'O")를 지나가도록 패턴을 배치한다.

③ 점(Q) : 슬리브 소매산높이(NP)의 이등분점(Q)를 표시한다. (NQ = QP)

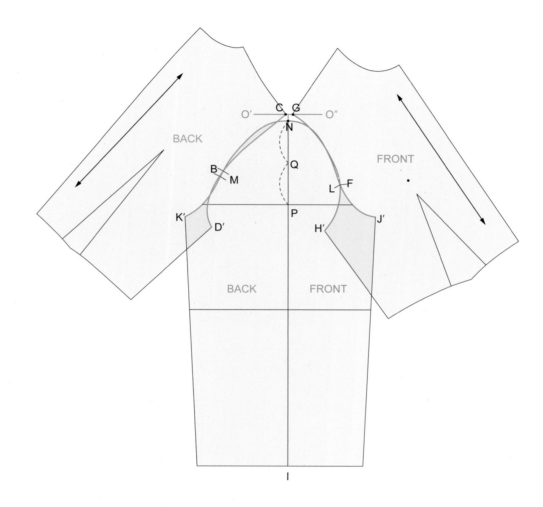

(6) 래글런선 제도

① 점(S), 점(V) : 앞·뒤판 바디스의 목둘레선(RX), (UY)를 각각 3등분하고, 1/3 지점에 점(S)와 점(V)를 표시한다.
   (RS = RX/3, UV = UY/3)

② 앞판 래글런선
   – 직선(SF) : 점(S)와 앞진동둘레 맞춤점(F)를 직선으로 연결한다.
   – 점(T) : 직선(SF)의 이등분점에서 수직으로 1cm 올라간 곳에 점(T)를 표시한다.
   – 곡선(S~T~F) : 점(S), 점(T), 점(F)를 곡선으로 연결한다.

③ 뒤판 래글런선
   – 직선(VB) : 점(V)와 뒤진동둘레 맞춤점(B)를 직선으로 연결한다.
   – 점(W) : 직선(VB)의 이등분점에서 수직으로 1cm 올라간 곳에 점(W)를 표시한다.
   – 곡선(V~W~B) : 점(V), 점(W), 점(B)를 곡선으로 연결한다.

(7) 어깨선 수정

① 점(G'), (C') : 어깨가쪽점(G), (C)에서 각각 1cm 떨어진 곳에 점(G'), (C')를 표시한다. (GG' = CC' = 1cm)
② 곡선(R~G'~Q) : 앞판 바디스의 점(R), 점(G'), 점(Q)를 곡선으로 연결한다.
③ 곡선(U~C'~Q) : 뒤판 바디스의 점(U), 점(C'), 점(Q)를 곡선으로 연결한다.

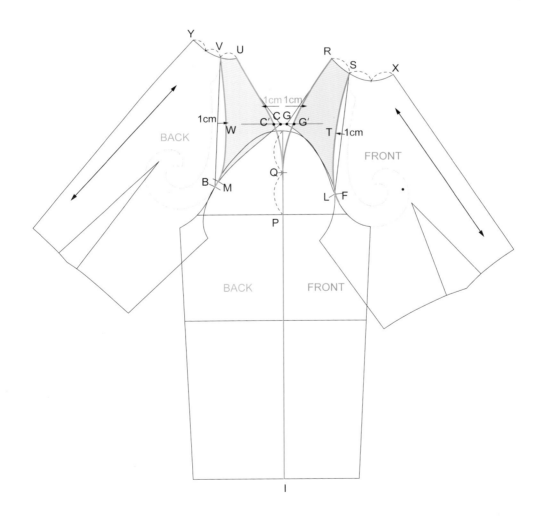

(8) 래글런선 분리

① 절개 : 앞판 래글런선(S~T~L), 뒤판 래글런선(V~W~M), 소매중심선(Q~P~I)를 자른다.

    ※ 래글런 슬리브 앞판 패턴(R~S~T~L~K'~e~I~P~Q~G')

    ※ 래글런 슬리브 뒤판 패턴(U~V~W~M~J'~f~I~P~Q~C')

② 몸판 패턴 : 슬리브 패턴을 분리하고 남은 부분을 래글런 슬리브의 앞판 패턴(S~T~F~H'~a~b~X), 뒤판 패턴(V~W~B~D'~c~d~Y)로 사용한다.

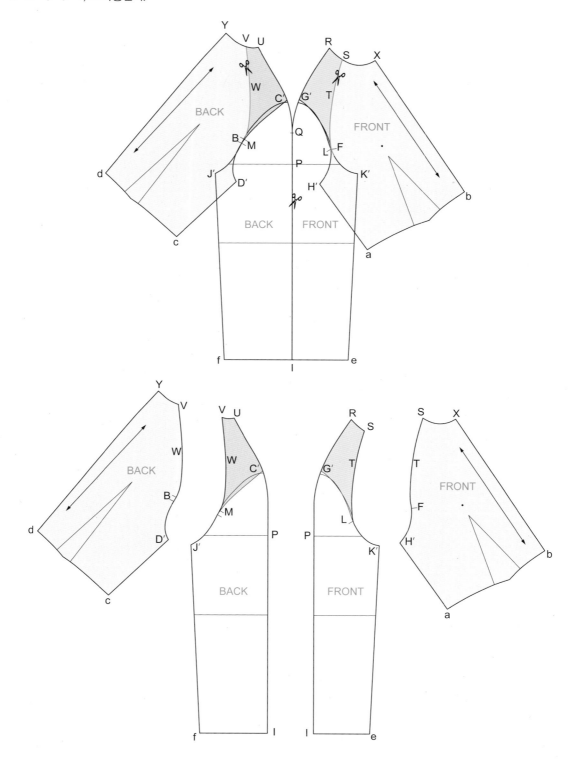

(9) 래글런 슬리브에 겨드랑 여유 추가

① 곡선(J'G'), (K'C') : 래글런 슬리브의 겨드랑점(J'), (K')에서 시작하여 어깨가쪽점(G'), (C')까지 완만한 곡선을 그린다.

② 곡선(K'C') 절개 : 뒤판 슬리브 패턴의 곡선(K'C')를 겨드랑점(K')에서 점(C')까지 자른다.

③ 곡선(J'G') 절개 : 앞판 슬리브 패턴의 곡선(J'G')를 겨드랑점(J')에서 점(G')까지 자른다.

　※ 점(C')와 점(G')의 끝에서 0.1~0.2cm를 남긴 상태로 절개한다.

④ 어깨가쪽점(G'), (C')를 고정한 상태에서 점(J')와 점(J") 사이, 점(K')와 점(K") 사이를 각각 3cm씩 벌린다. (J'J" = K'K" = 3cm)

⑤ 새로운 겨드랑점(J"), (K")와 소매밑단점(e), (f)를 완만한 곡선으로 연결한다.

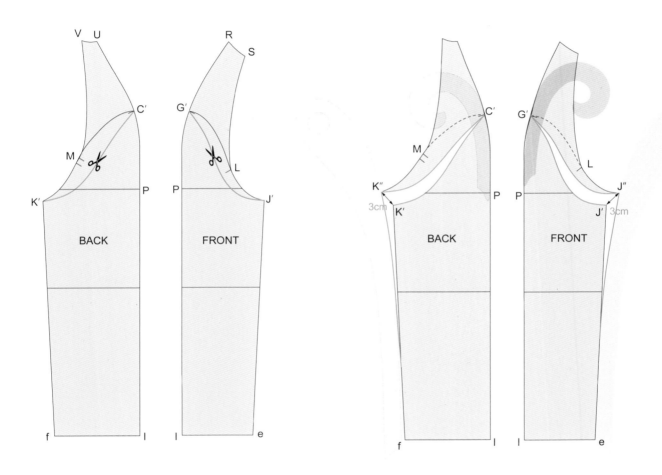

(10) 시접 표시

① 목둘레선 : 1cm

② 몸판 밑단, 옆선 : 1.5cm

③ 뒤중심선 : 2cm

　　※ 뒤중심에 단추를 달 경우, 여밈단 분량을 추가한다.

④ 소매옆선 : 1.5cm

⑤ 소매밑단 : 3cm

◎ 완성

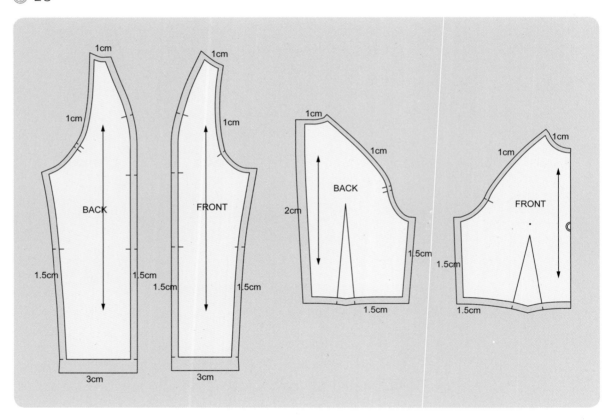

4. 칼라 패턴

 칼라의 종류

- 칼라는 여성복 상의에서 디자인을 다양하게 표현할 수 있게 하는 요소이다. 칼라는 네크라인에 부착되어 디자인의 완성도를 높이며, 다양한 모양으로 만들어진다.
- 블라우스에는 피터팬칼라와 같은 플랫칼라의 종류가 많이 사용된다. 셔츠에는 몸판 네크라인과 칼라 사이에 목을 감싸는 밴드가 있는 셔츠칼라와 밴드 없이 몸판의 네크라인에 바로 부착하는 컨버터블칼라가 주로 사용되며, 칼라가 벌어지는 각도나 칼라의 너비 및 깊이에 따라 다양한 디자인 변형이 가능하다. 재킷에는 칼라와 라펠로 구성된 테일러드칼라나 칼라와 라펠이 하나로 연결된 숄칼라가 주로 사용된다. 이외에도 네크라인에 밴드만 부착한 스탠드칼라는 중국 전통복식인 치파오에서 주로 사용되는 칼라 형태로 만다린칼라라고도 한다.
- 컨버터블칼라와 같이 칼라 스탠드 분량을 칼라 패턴에 연장해서 제작하는 경우, 목을 감싸는 스탠드 부위와 밖으로 펼쳐지는 칼라의 깃 부위를 나누는 선을 칼라 꺾음선(롤라인, roll line)이라고 한다.

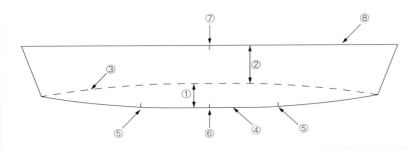

① 스탠드(Stand)
② 칼라의 펼쳐지는 부분(Fall)
③ 꺾음선(Roll Line)
④ 목둘레 연결선(Neck Edge)
⑤ 몸판의 목옆점과 칼라의 맞춤 너치
⑥ 몸판의 목뒤점과 칼라의 맞춤 너치
⑦ 겉칼라와 안칼라의 맞춤 너치
⑧ 칼라 외곽선(Outer Edge)

 칼라 목둘레선의 형태

- 어깨를 부드럽게 덮는 플랫칼라는 칼라의 목둘레선이 인체의 목선과 비슷한 곡선 형태이다. 반면, 칼라가 목선을 감싸면서 꺾이는 컨버터블칼라는 칼라의 목둘레선이 직선 형태이다.
- 칼라 목둘레선의 휘어진 정도에 따라 칼라가 목을 감싸는 정도가 다르다. 칼라 스탠드 분량이 적은 플랫칼라나 롤칼라의 목둘레선은 안으로 굽는 곡선으로 제도하나, 컨버터블칼라의 목둘레선은 밖으로 휘는 곡선으로 제도한다. 플랫칼라는 칼라 스탠드 분량이 클수록 칼라 목둘레선이 롤칼라에 가깝게 펼쳐진 모양이 된다.

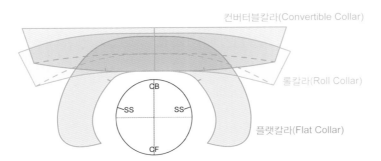

컨버터블칼라(Convertible Collar)

롤칼라(Roll Collar)

플랫칼라(Flat Collar)

A. 칼라 제도를 위한 바디스 패턴 수정 MODIFYING BODICE PATTERN FOR COLLAR

❶ 바디스 제도

(1) 목둘레선 수정

목을 감싸는 칼라를 제작하는 경우, 칼라를 부착한 후 목둘레가 불편하지 않도록 바디스 패턴의 목둘레선을 여유 있게 수정한다.

① 앞판 목둘레선(BD)
   - 점(B) : 바디스의 목앞점(A)에서 1cm 내린 점(B) 표시 (AB = 1cm)
   - 점(D) : 바디스의 목옆점(C)에서 0.5cm 이동한 점(D) 표시 (CD = 0.5cm)
   - 곡선(BD) : 점(B)와 점(D)를 곡선으로 연결
② 뒤판 목둘레선(KJ)
   - 점(J) : 바디스의 목옆점(I)에서 0.5cm 이동한 점(J) 표시 (IJ = 0.5cm)
   - 곡선(KJ) : 점(K)와 점(J)를 곡선으로 연결

(2) 바디스 앞여밈단

① 여밈단(BGEF)
   - 점(G) : 목앞점(B)에서 1.5cm 떨어진 점(G) 표시 (BG = 1.5cm)
   - 점(F) : 앞중심선의 끝점(E)에서 1.5cm 떨어진 점(F) 표시 (EF = 1.5cm)
   - 직선(GF) : 점(G)와 점(F)를 직선으로 연결
② 단추위치
   - 첫 단추는 목앞점(B)에서 2cm를 내려서 앞중심선에 표시
   - 두 번째 단추부터는 7cm 간격으로 내려서 앞중심선에 표시

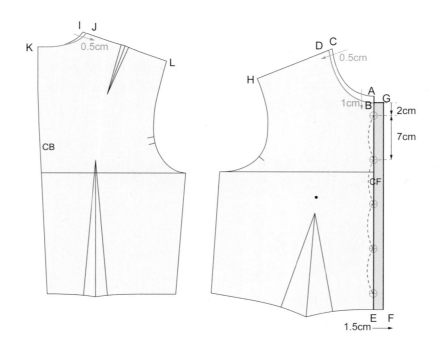

❷ 안단 제도

피터팬칼라, 세일러칼라, 롤칼라, 컨버터블칼라와 같이 칼라 스탠드 없이 칼라와 몸판이 바로 봉제되는 경우에는 안단을 부착하여 칼라 목둘레선 시접이 겉으로 드러나지 않도록 한다. 안단은 수정된 목둘레선을 따라 5cm 너비로 제작한다.

① 앞판 안단
  – 점(Q) : 목옆점(D)에서 어깨선을 따라 5cm 떨어진 점(Q) 표시 (DQ = 5cm)
  – 점(R) : 여밈단 끝점(F)에서 5cm 떨어진 점(R) 표시 (FR = 5cm)
  – 안단선(QR) : 점(Q)에서 목둘레선을 따라 곡선으로 선을 그리다가 앞중심선과 평행한 직선으로 점(R)까지 연결

② 뒤판 안단
  – 점(S) : 목옆점(J)에서 5cm 떨어진 점(S) 표시 (JS = 5cm)
  – 점(T) : 목뒤점(K)에서 5cm 떨어진 점(T) 표시 (KT = 5cm)
  – 안단선(ST) : 점(S)와 점(T)를 곡선으로 연결

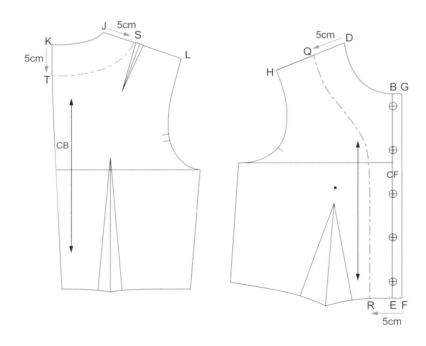

B. 칼라 디자인 COLLAR DESIGN

❶ 피터팬칼라 Peter Pan Collar

- 피터팬칼라는 어깨선 위로 칼라가 평평하게 놓이는 플랫칼라의 한 종류이다. 피터팬칼라는 바디스 패턴의 목둘레선을 따라 패턴을 제도한다.

- 착용했을 때 형성되는 스탠드 분량에 따라 앞판 바디스 패턴과 뒤판 바디스 패턴의 어깨 겹침 정도를 조절한다. 스탠드 분량이 없는 피터팬칼라는 앞판 바디스 패턴과 뒤판 바디스 패턴의 어깨가쪽점을 1.5cm 정도 겹친 상태로 패턴을 배치하고, 스탠드 분량이 많은 피터팬칼라는 바디스 패턴의 어깨가쪽점 겹침 분량을 10cm까지 설정하여 패턴을 제도한다. 피터팬칼라의 스탠드 분량을 중간 정도로 디자인하려면 어깨 겹침 분량을 3.5~7.5cm 이내로 조절한다.

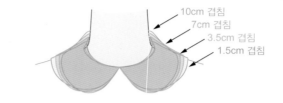

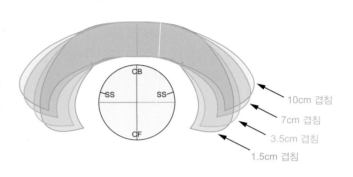

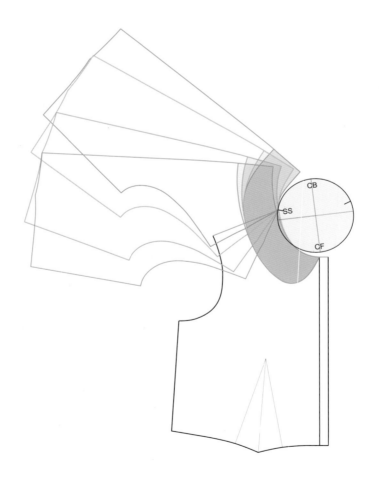

(1) 스탠드가 없는 피터팬칼라

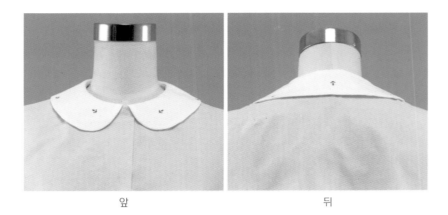

앞   뒤

① 패턴 준비 : 목둘레선을 수정한 바디스 패턴
   (p.100)

② 바디스 패턴 배치

  – 앞판 바디스 패턴의 목옆점(D)와 뒤판 바디
     스 패턴의 목옆점(J)를 일치시킴

  – 앞판의 어깨가쪽점(H)와 뒤판의 어깨가쪽점
     (L)을 1.5cm 겹침 (HL = 1.5cm)

③ 칼라 목뒤점(M) : 바디스 패턴의 목뒤점(K)에서
   0.5cm 올라간 점(M)을 표시 (KM = 0.5cm)

④ 칼라 목둘레선(M~D,J~B) : 점(M)과 목옆점
   (D,J), 목앞점(B)를 곡선으로 연결

⑤ 칼라 너비(MN) : 점(M)에서 뒤중심선을 따라
   6cm 이동한 점(N)을 표시 (MN = 6cm)

⑥ 칼라 외곽선(N~O~P) : 목둘레선을 따라 6cm
   너비의 곡선 표시 (MN = DO = BP = 6cm)

⑦ 점(P') : 칼라의 앞머리 부분을 둥근 모양으로
   그린다.

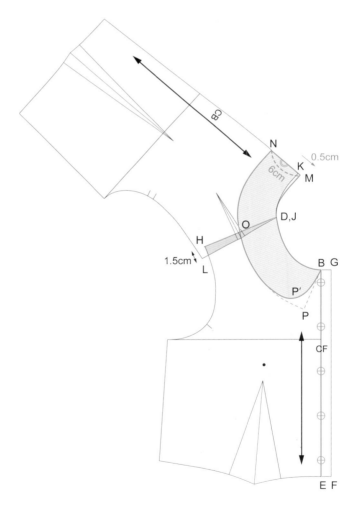

⑧ 안칼라(Under Collar) : ①~⑦에서 제도한 칼라를 안칼라로 사용
 – 골선 표시 : 칼라 뒤중심선(MN)에 골선 표시
 – 너치 표시 : 목옆점(D)에 너치 표시
 – 식서 표시 : 안칼라의 뒤중심선에 바이어스 재단 방향 표시
 – 시접 표시 : 1cm

◉ 완성

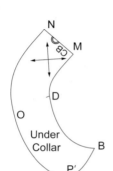

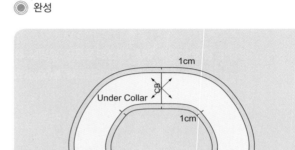

⑨ 겉칼라(Upper Collar)
 – 점(N'), (O'), (P") : 안칼라 외곽선의 끝점(N), (O), (P')에서 0.3cm 바깥으로 이동한 점(N'), (O'), (P")를 표시
  (NN' = OO' = P'P" = 0.3cm)
 – 점(N'), (O'), (P")를 점(B)와 곡선으로 연결
 – 식서 표시 : 겉칼라의 뒤중심선에 평행한 방향으로 재단 방향 표시
 – 시접 표시 : 1cm

◉ 완성

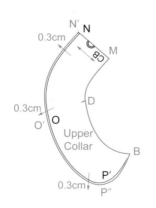

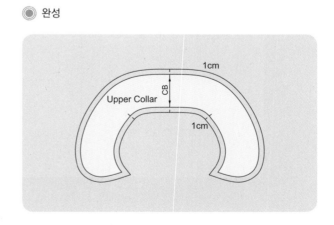

(2) 스탠드가 있는 피터팬칼라

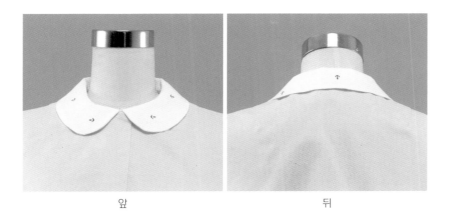

앞   뒤

① 패턴 준비 : 목둘레선을 수정한 앞·뒤 바디스 패턴
② 바디스 패턴 배치
　– 앞판 바디스의 목옆점(D)와 뒤판 바디스의 목옆점(J)를 일치시킴
　– 앞판의 어깨가쪽점(H)와 뒤판의 어깨가쪽점(L)을 10cm 겹쳐서 패턴 배치 (HL = 10cm)
③～⑨의 제도과정은 (1) 스탠드가 없는 피터팬칼라와 동일

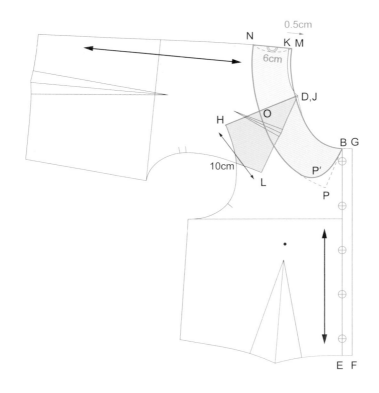

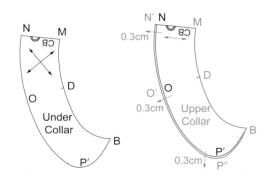

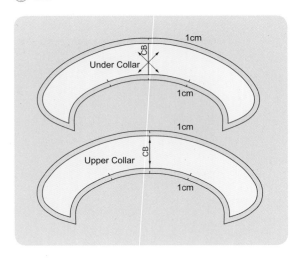

❷ 세일러칼라 Sailor Collar

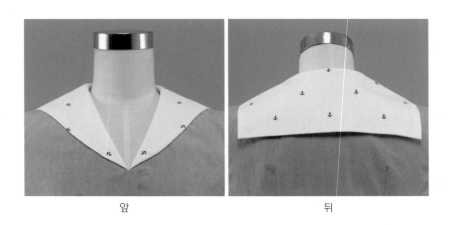

앞   뒤

① 패턴 준비 : 목둘레선을 수정한 앞·뒤 바디스 패턴

② 앞·뒤 바디스 패턴 배치
  – 앞판 바디스 패턴의 목옆점(D)과 뒤판 바디스 패턴의 목옆점(J)를 일치시킴
  – 앞판의 어깨가쪽점(H)와 뒤판의 어깨가쪽점(L)을 1.5cm 겹침 (HL = 1.5cm)

③ 칼라 뒷목둘레선(M~D,J)
  – 칼라 목뒤점(M) : 점(K)에서 0.5cm 올라간 점(M) 표시 (KM = 0.5cm)
  – 점(M)과 목옆점(D,J)를 곡선으로 연결

④ V-네크라인(D~T~R)
  – 점(R) : 앞중심선과 가슴선(BUST LINE)이 만나는 점(R) 표시
  – 직선(DR) : 목옆점(D)와 점(R)을 직선으로 연결
  – 점(T) : 직선(DR)의 이등분점에서 0.5cm 안쪽으로 이동한 점(T) 표시
  – 곡선(D~T~R) : 점(D), 점(T), 점(R)을 곡선으로 수정

⑤ 칼라 뒤중심선(OM) : 점(M)에서 13cm 길이의 직선(OM)을 뒷목둘레곡선과 직각이 되도록 제도 (OM = 13cm)

⑥ 칼라 너비(OP) : 점(O)에서 15cm 길이의 직선(OP)를 뒤중심선(OM)과 직각이 되도록 제도 (OP = 15cm, OP⊥OM)

⑦ 뒤칼라 외곽선(PQ)

　　– 점(Q) : 직선(OP)와 90° 각도를 이루는 직선이 어깨선과 만나는 점(Q) 표시

　　– 직선(PQ) : 점(P)와 점(Q)를 직선으로 연결 (PQ⊥OP)

⑧ 앞칼라 외곽선(Q∼U∼R)

　　– 직선(QR) : 점(Q)와 목앞점(R)을 직선(QR)로 연결

　　– 점(U) : 직선(QR)을 4등분한 점에서 1.5cm 바깥쪽으로 나간 점(U) 표시

　　– 곡선(Q∼U∼R) : 점(Q), 점(U), 점(R)을 곡선으로 연결

⑨ 칼라 외곽선 정리 : 뒤칼라 외곽선(PQ)와 앞칼라 외곽선(Q∼U∼R)을 매끄러운 곡선으로 정리

　　※ 완만한 곡선으로 정리된 최종 칼라 외곽선은 점(Q)를 지나지 않아도 된다.

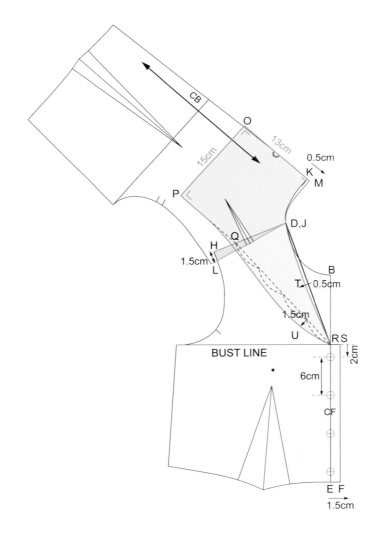

⑩ 안칼라 : ①~⑨에서 제도한 칼라를 안칼라로 사용
  – 골선 표시 : 칼라 뒤중심선(MO)에 골선 표시
  – 너치 표시 : 목옆점(D)에 너치 표시
  – 식서 표시 : 안칼라의 뒤중심선에 바이어스 방향 재단 표시
  – 시접 표시 : 1cm

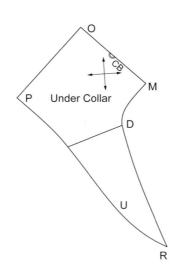

◉ 완성

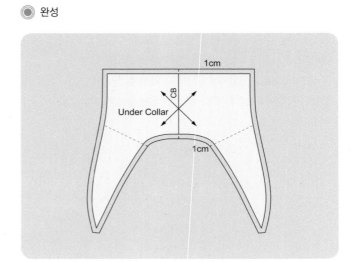

⑪ 겉칼라 제도
  – 안칼라 외곽선의 끝점(O), (P), (U)에서 0.3cm 바깥에 점(O'), (P'), (U') 표시 (OO' = PP' = UU' = 0.3cm)
  – 점(O')와 점(P')를 직선으로 연결
  – 점(P'), 점(U'), 점(R)을 곡선으로 연결
  – 재단 방향 : 겉칼라의 뒤중심선에 평행하게 식서 표시
  – 시접 표시 : 1cm

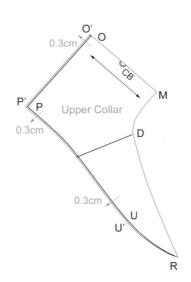

◉ 완성

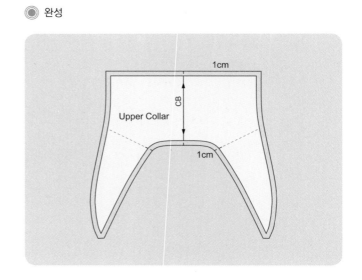

⑫ 세일러칼라 앞판 안단

   – 점(V) : 목옆점(D)에서 5cm 떨어진 점(V) 표시 (DV = 5cm)

   – 점(W) : 앞중심끝점(E)에서 5cm 떨어진 점(W) 표시 (EW = 5cm)

   – 앞판 목둘레 안단선(VW) : 점(V)와 점(W)를 곡선으로 연결

   ※ 가슴선 위는 네크라인선(DR)을 따라 평행하게, 가슴선 아래는 앞중심선(RE)를 따라 평행하게 안단선을 그린다.

⑬ 세일러칼라 뒤판 안단

   – 점(X) : 목옆점(J)에서 5cm 떨어진 점(X) 표시 (JX = 5cm)

   – 점(Y) : 목뒤점(K)에서 5cm 떨어진 점(Y) 표시 (KY = 5cm)

   – 뒤판 목둘레 안단선(XY) : 점(X)와 점(Y)를 목둘레선(JK)를 따라 평행한 곡선으로 연결

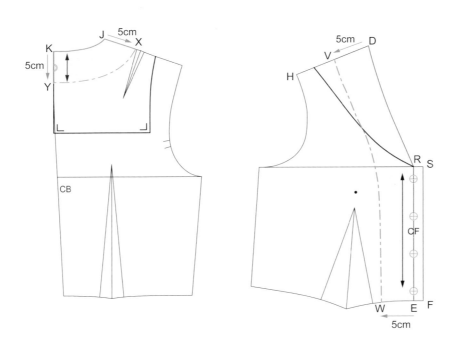

❸ 롤칼라 Roll Collar

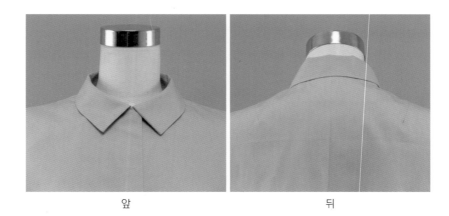

앞	뒤

① 패턴 준비 : 목둘레선을 수정한 앞·뒤 바디스 패턴

② 목둘레 측정

    – 앞판 바디스 패턴의 앞목둘레선(BD) 길이를 측정 (BD = ◈)

    ※ 앞목둘레선은 앞여밈분(BG)를 제외하고, 목앞점(B)에서 목옆점(D)까지만 측정

    – 뒤판 바디스 패턴의 뒷목둘레선(JK) 길이를 측정 (JK = ★)

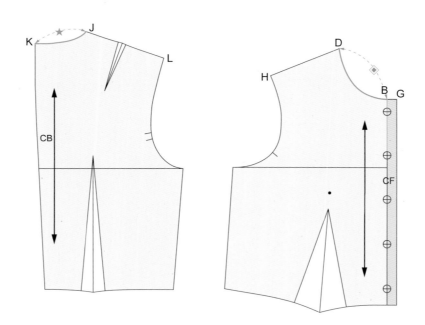

③ 기초선 제도
- 직선(LS) : 점(L)에서 위쪽으로 9cm 길이의 수직선(LS) 표시
  (LM = 2.5cm, MR(칼라 스탠드) = 3cm, RS(칼라 너비) = 3.5cm)
- 직선(LL') : 점(L)에서 오른쪽으로 수평선(LL')를 표시
- 직선(MN) : 점(M)에서 뒷목둘레치수(★)만큼 떨어진 점(N) 표시. 점(M)과 점(N)을 직선으로 연결 (MN = ★)
- 직선(NO) : 점(N)에서 길이가 앞목둘레치수(◈)인 직선(NO)를 수평선(LL')에 닿도록 제도 (NO = ◈)
- 직선(OT) : 점(O)에서 수직으로 직선(OT) 표시
- 직선(ST) : 점(S)에서 수평으로 직선(ST) 표시
- 직선(RR') : 점(R)에서 수평으로 직선(RR') 표시

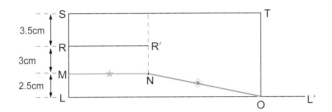

④ 칼라 외곽선 제도
- 점(N') : 직선(NO)의 이등분점에서 0.2cm 올라간 점(N') 표시
- 곡선(N~N'~O) : 점(N), 점(N'), 점(O)를 곡선으로 연결
- ※ 직선(MN)과 곡선(N~N'~O)를 점(N)에서 각지지 않게 매끄러운 곡선으로 연결
- 목앞점(O)에서 6.5cm 떨어진 곳에 칼라포인트(V)를 표시. 이때, 점(V)와 직선(OT)의 거리는 3cm (VO = 6.5cm, UV = 3cm)
- 칼라 외곽선(SV) : 점(S)에서 점(V)까지 목둘레선(M~N~O)와 평행한 곡선으로 연결
⑤ 칼라 꺾임선(RO) : 점(R)과 점(O)를 곡선으로 연결. 칼라 꺾임선(RO)의 시작점(R)은 뒤중심선과 90°를 이루도록 한다.

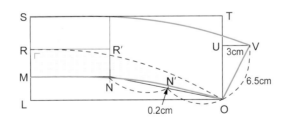

⑥ 안칼라 : ①~⑤에서 제도한 칼라를 안칼라로 사용
- 골선 표시 : 칼라 뒤중심선(KS)에 골선 표시
- 너치 표시 : 목옆점(N)에 너치 표시
- 식서 표시 : 안칼라의 뒤중심선과 90° 방향으로 표시

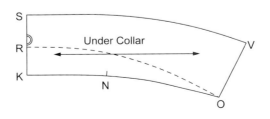

⑦ 겉칼라 제도

- 안칼라 외곽선의 끝점(S)와 점(V)에서 0.3cm 바깥에 점(S')와 점(V')를 표시 (SS' = VV' = 0.3cm)
- 점(S')와 점(V')를 곡선으로 연결
- 점(V')와 점(O)를 직선으로 연결
- 식서 표시 : 겉칼라의 뒤중심선과 90° 방향으로 재단 방향 표시
- 시접 표시 : 1cm

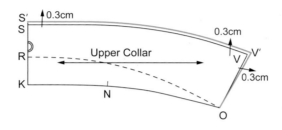

◉ 완성

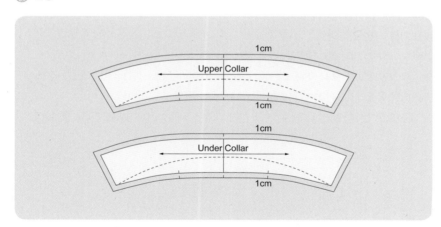

❹ 컨버터블칼라 Convertible Collar

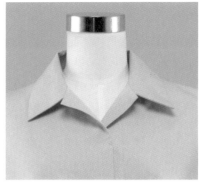

앞 (첫 단추를 푼 착장)	앞 (첫 단추를 채운 착장)	뒤

① 패턴 준비 : 목둘레선을 수정한 앞·뒤 바디스 패턴
② 목둘레 측정
　　– 앞판 바디스 패턴의 앞목둘레선(◆) 길이를 측정
　　※ 앞목둘레선은 앞여밈분을 제외하고, 목앞점에서 목옆점까지만 측정
　　– 뒤판 바디스 패턴의 뒷목둘레선(★) 길이를 측정
③ 칼라 기초선 제도
　　– 직선(MQ) : 점(M)에서 위쪽으로 7.5cm 길이의 수직선(MQ) 표시
　　　　　　　　MP(칼라 스탠드) = 3cm, PQ(뒤칼라 너비) = 4.5cm
　　– 직선(MO) : 점(M)에서 뒷목둘레치수(★)만큼 떨어진 점(N) 표시 (MN = ★)
　　　　　　　　점(N)에서 앞목둘레치수(◆)만큼 떨어진 점(O) 표시 (NO = ◆)
　　– 직선(QQ') : 점(Q)에서 수평으로 직선(QQ') 표시
　　– 직선(PP') : 점(P)에서 수평으로 직선(PP') 표시
　　– 직선(NQ') : 점(N)에서 수직으로 직선(NQ') 표시

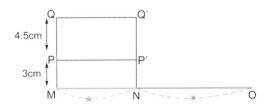

④ 목둘레곡선(M~R~S)

　– 목앞점(S) : 점(O)에서 수직으로 1.5cm 떨어진 점(S) 표시 (OS = 1.5cm)

　– 점(R) : 직선(MO)를 3등분한 후, 1/3 위치에 점(R) 표시 (MR = MO/3)

　– 곡선(M~R~S) : 점(M)과 점(R)을 직선으로, 점(R)과 점(S)를 곡선으로 연결

　※ 직선(MR)과 곡선(RS)를 점(R)에서 각지지 않게 곡선으로 연결

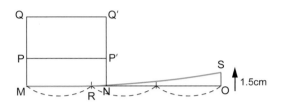

⑤ 칼라 외곽선

　– 점(T) : 직선(QQ')의 연장선과 직선(OS)의 연장선이 만나는 점(T) 표시

　– 칼라포인트(U) : 점(T)에서 2cm 떨어진 점(U) 표시 (TU = 2cm)

　– 직선(SU) : 점(S)와 점(U)를 직선으로 연결

⑥ 칼라 꺾임선(PS) : 점(P)와 점(S)를 곡선으로 연결. 칼라 꺾임선(PS)의 시작점(P)는 뒤중심선과 직각을 이루도록 한다.

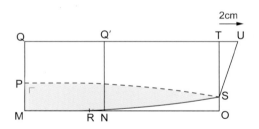

⑦ 안칼라 : ①~⑥에서 제도한 칼라를 안칼라로 사용

　– 골선 표시 : 칼라 뒤중심선(MQ)에 골선 표시

　– 너치 표시 : 목옆점(N)에 너치 표시

　– 식서 표시 : 안칼라의 뒤중심선과 수직으로 재단 방향 표시

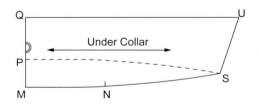

⑧ 겉칼라 제도

– 안칼라 외곽선의 점(Q)와 점(U)에서 0.3cm 바깥에 점(Q')와 점(U') 표시 (QQ' = UU' = 0.3cm)

– 직선(Q'U') : 점(Q')와 점(U')를 직선으로 연결

– 직선(SU') : 점(S)와 점(U')를 직선으로 연결

– 식서 표시 : 겉칼라의 뒤중심선에 90° 방향으로 재단 방향 표시

– 시접 표시 : 1cm

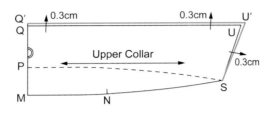

◉ 완성

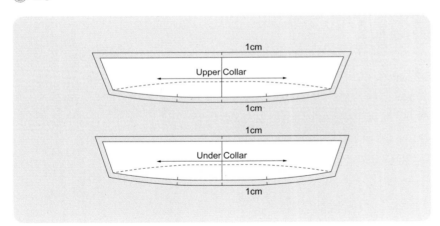

❺ 스탠드칼라 Stand Collar

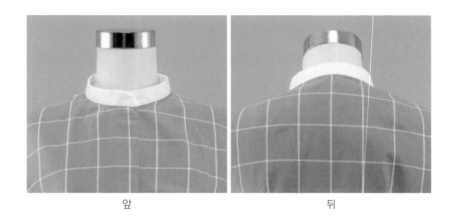

앞   뒤

① 패턴 준비 : 목둘레선을 수정한 앞·뒤 바디스 패턴

② 목둘레 측정

    – 앞판 바디스 패턴의 앞목둘레선(◈) 길이를 측정

    ※ 앞목둘레선은 앞여밈분을 제외하고, 목앞점에서 목옆점까지만 측정

    – 뒤판 바디스 패턴의 뒷목둘레선(★) 길이를 측정

③ 기초선 제도

    – 직선(MP) : 점(M)에서 수직으로 2.5cm 길이의 직선(MP) 표시 (MP = 2.5cm)

    – 직선(M~N~O) : 점(M)에서 뒷목둘레 치수(★)만큼 떨어진 점(N) 표시 (MN = ★)

                            점(N)에서 앞목둘레 치수(◈)만큼 떨어진 점(O) 표시 (NO = ◈)

    – 목옆선(NR) : 점(N)에서 2.5cm 길이의 수직선(NR) 표시

    – 목앞점(Q) : 점(O)에서 1.5cm를 올려서 점(Q) 표시 (OQ = 1.5cm)

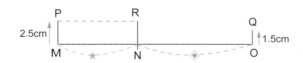

④ 목둘레곡선

    – 점(S) : 직선(MO)를 3등분한 후, 1/3 위치에 점(S) 표시 (MS = MO/3)

    – 목둘레곡선(M~S~Q) : 점(M)과 점(S)를 직선으로, 점(S)와 점(Q)를 곡선으로 연결

    ※ 직선(MS)와 곡선(SQ)를 점(S)에서 각지지 않게 곡선으로 연결

⑤ 앞중심선(QT) : 점(Q)에서 직각으로 2.5cm 길이의 직선
　(QT) 표시 (QT = 2.5cm)
⑥ 칼라 외곽선(P〜R〜T) : 점(P), 점(R), 점(T)를 곡선으로
　연결

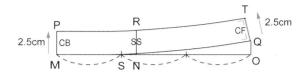

⑦ 여밈단
　– 점(V) : 목앞점(Q)에서 목둘레곡선(M〜N〜Q)를 1.5cm
　　연장한 점(V) 표시 (QV = 1.5cm)
　– 점(U) : 점(T)에서 칼라 외곽선(P〜R〜T)를 1.5cm 연장
　　한 점(U) 표시 (TU = 1.5cm)
　– 직선(UV) : 점(U)와 점(V)를 직선으로 연결
　– 곡선(TV) : 점(T)에서 점(V)까지 곡선으로 연결

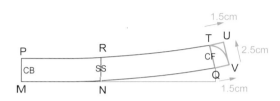

⑧ 단추, 단춧구멍
　– 단추 위치 : 칼라 앞중심선(TQ)의 1/2 지점에 표시
　– 단춧구멍 시작 위치 : 단추 위치에서 0.2cm 오른쪽으
　　로 이동한 점
　– 단춧구멍 길이 : 단추 지름 + 0.3cm
⑨ 너치, 식서, 골선 표시
　– 목옆점(N)에 너치 표시
　– 칼라 뒤중심선(MP)에 골선 표시
　– 칼라 뒤중심선과 90° 방향으로 식서 방향 표시
　– 시접 표시 : 1cm

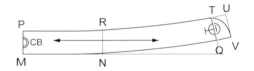

◎ 완성

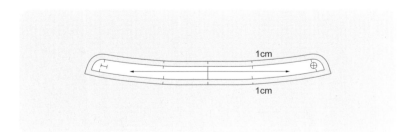

❻ 셔츠칼라 Shirt Collar

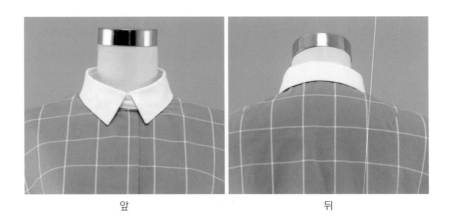

앞   뒤

① 패턴 준비 : 2.5cm 너비로 제도한 스탠드칼라 패턴 준비
② 칼라 시작점(W) : 스탠드칼라의 앞중심점(T)에서 0.2~
　 0.5cm 이동한 점(W) 표시 (TW = 0.2~0.5cm)
③ 직선(Wa) : 점(W)에서 뒤중심선(MP)까지 수평선(Wa) 제도
④ 직선(Pa) : 점(P)와 점(a) 간격을 측정 (Pa = ◆)

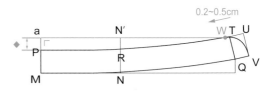

⑤ 칼라 뒤중심선(bc)
　 – 점(b) : 점(a)에서 ◆ +1cm 올린 점(b) 표시 (ab =
　　 ◆ +1cm)
　 – 점(c) : 점(b)에서 수직으로 칼라 너비(4.5cm)만큼
　　 올린 점(c) 표시 (bc = 4.5cm)
　 – 직선(bc) : 점(b)와 점(c)를 직선으로 연결
⑥ 곡선(bW) : 점(b)에서 점(W)까지 곡선으로 연결
　 (bW = PW)
　 ※ 곡선의 시작점(b)과 뒤중심선은 직각을 유지
⑦ 직선(cd) : 점(c)에서 수평선 연결
⑧ 직선(dW) : 점(W)에서 수직선 연결

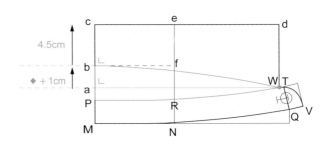

⑨ 칼라 외곽선(ch)
- 점(g) : 점(d)에서 2cm 연장한 점(g) 표시 (dg = 2cm)
- 직선(gw) : 점(g)와 점(W)를 직선으로 연결
- 점(h) : 점(W)에서 6~6.5cm 떨어진 점(h) 표시
  (Wh = 6~6.5cm)
- 곡선(ch) : 점(c)와 점(h)를 곡선으로 연결
※ 곡선의 시작점(c)과 뒤중심선은 직각을 유지

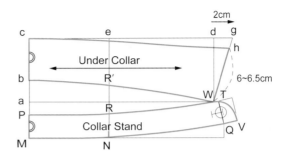

⑩ 안칼라 : ①~⑧에서 제도한 칼라를 안칼라로 사용
- 골선 표시 : 칼라 뒤중심선(bc)에 골선 표시
- 너치 표시 : 목옆점(R')에 너치 표시
- 식서 표시 : 안칼라의 뒤중심선과 90° 방향으로 재단
  방향 표시

⑪ 겉칼라 제도
- 점(c'), (h') : 안칼라 외곽선의 끝점(c)와 점(h)에서 0.3cm
  바깥에 점(c')와 점(h') 표시 (cc' = hh' = 0.3cm)
- 직선(Wh') : 점(W)와 점(h')를 직선으로 연결
- 곡선(c'h') : 점(c')와 점(h')를 곡선으로 연결
- 식서 표시 : 겉칼라의 뒤중심선과 90° 방향으로 재단
  방향 표시
- 시접 표시 : 1cm

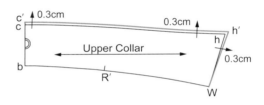

◎ 완성

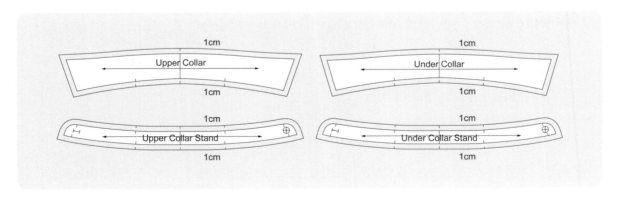

❼ 테일러드칼라 Tailored Collar

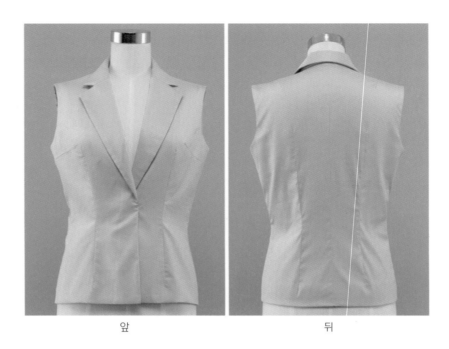

앞   뒤

(1) 토르소 목둘레선 수정

① 패턴 준비 : 앞·뒤 토르소 원형 패턴

② 토르소 패턴의 목둘레선 수정 : 테일러드칼라는 칼라의 스탠드 부분이 목둘레를 감싸는 형태이다. 토르소의 목둘레선을
여유 있게 수정하여 칼라를 부착한 후 목선이 불편하지 않게 만든다.

    – 앞판 목둘레선(C'D) : 토르소의 목옆점(C)에서 1cm 이동한 점(C') 표시 (CC' = 1cm)

                           점(C')와 목앞점(D)를 곡선으로 연결

    – 뒤판 목둘레선(A'B') : 토르소의 목뒤점(A)에서 0.5cm 이동한 점(A') 표시 (AA' = 0.5cm)

                         토르소의 목옆점(B)에서 1cm 이동한 점(B') 표시 (BB' = 1cm)

                         점(A')와 점(B')를 곡선으로 연결

    – 뒤판 목둘레 치수측정 : 칼라 제도를 위해 뒷목둘레(A'B') 치수를 측정한다. (A'B' = ●)

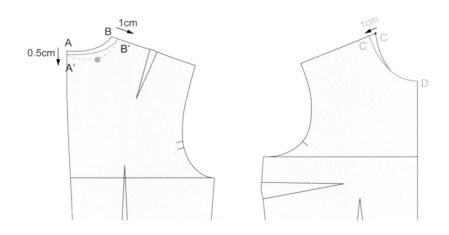

(2) 라펠 꺾임선 제도

① 칼라 목옆점(E) : 토르소 원형의 목옆점(C)로부터 1cm 떨어진 재
    킷 몸판의 목옆점(C')에서 0.6cm 이동한 점(E) 표시
    (C'E = 0.6cm)

    ※ 점(C')는 몸판의 목옆점, 점(E)는 칼라의 목옆점이다.

② 라펠 시작점(F) : 점(E)에서 2.5cm 떨어진 점(F) 표시 (EF = 2.5cm)

③ 라펠 꺾임선(FH)

    − 허리앞점(G)에서 수평으로 여밈단 2cm만큼 떨어진 점(G') 표
      시 (GG' = 2cm)

    − 라펠 끝점(H) : 점(G')에서 수직으로 2cm만큼 떨어진 점(H)
      표시 (G'H = 2cm)

    − 라펠 꺾임선(FH) : 점(F)와 점(H)를 직선으로 연결

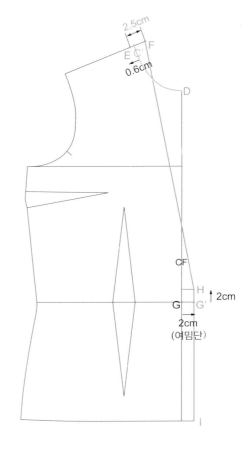

(3) 칼라와 라펠 디자인

테일러드칼라는 몸판에서 연장된 라펠과 칼라로 구성된다. 칼라와
라펠의 비율과 크기는 유행에 따라 달라진다.

① 라펠 디자인 제도

    − 점(J) : 점(F)에서 6.5cm 내려간 점(J) 표시 (FJ = 6.5cm)

    − 점(K) : 점(J)에서 2.5cm 내려간 점(K) 표시 (JK = 2.5cm)

    − 직선(KL) : 점(K)에서 직선(FH)와 수직을 이루며, 길이가
      8.5cm인 직선(KL) 표시 (KL = 8.5cm, KL⊥FH)

    − 직선(JL) : 점(J)와 점(L)을 직선으로 연결

    − 곡선(LH) : 점(L)과 점(H)를 직선으로 연결한 후, 직선(LH)의
      이등분점에서 1cm 바깥으로 완만한 곡선을 제도

② 칼라디자인 제도

    − 점(M) : 직선(JL)의 점(L)에서 4cm 떨어진 점(M) 표시 (LM = 4cm)

    − 점(N) : 점(M)과 3.5cm, 점(L)과 3.5cm 떨어진 점(N) 표시
      (MN = 3.5cm, LN = 3.5cm)

    − 점(O) : 점(E)에서 3.5cm 떨어진 점(O) 표시 (EO = 3.5cm)

    − 직선(ON) : 점(O)와 점(N)을 직선으로 연결

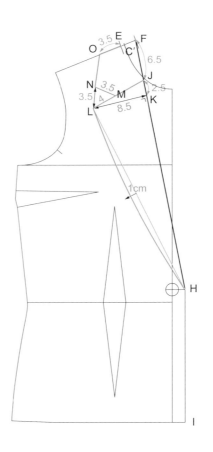

③ 칼라와 라펠 외곽선 트레이싱
- 라펠 꺾임선(FH)를 기준으로 제도지를 접은 후, 칼라 외곽선(O∼N∼M)과 라펠선(J∼L∼H)를 룰렛과 초크페이퍼를 이용하여 트레이싱한다.
- 점(N) → 점(R), 점(M) → 점(Q), 점(L) → 점(P), 점(O) → 점(O')로 각각 트레이싱된다.
- 몸판의 목옆점(C')에서 라펠 꺾임선(FH)와 평행한 직선(ⓘ) 표시
- 직선(PJ)의 연장선(ⓘⓘ) 표시
- 점(S) : 직선(ⓘ)과 직선(ⓘⓘ)가 만나는 점(S) 표시

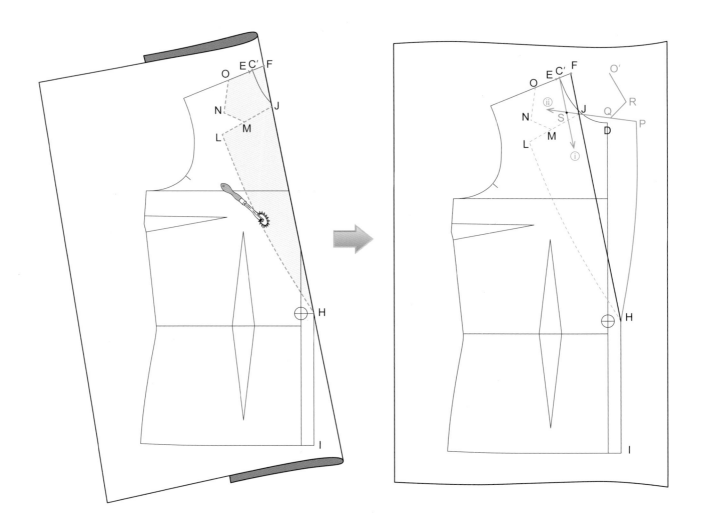

(4) 칼라 뒷목둘레 제도

① 직선(FF') : 라펠 꺾임선(FH)를 점(F)의 위쪽으로 연장한 직
   선(FF') 표시

② 직선(EU) : 칼라 목옆점(E)에서 직선(FF')와 평행하고, 뒤판
   몸판에서 측정한 뒷목둘레선 치수(A'B' = ●)와 길이가 같은
   직선(EU) 제도 (EU = ●)

③ 칼라 목뒤점(T) : 점(E)를 중심으로 직선(EU)를 2.5cm 회전
   시켜 직선(TE) 표시 (ET = EU = ●, TU = 2.5cm)

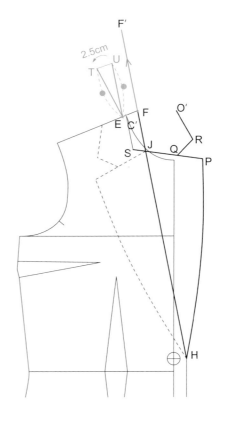

④ 칼라 목둘레선(T∼E∼S) : 점(T), 점(E), 점(S)를 완만한 곡선
   으로 연결
   ※ 목옆점(E) 부분이 각지지 않고 부드럽게 연결되도록 수정

⑤ 몸판 목둘레선(C'S) : 점(C')와 점(S)를 완만한 곡선으로 연결

⑥ 직선(TT') : 점(T)에서 직선(ET)와 직각을 이루는 직선(TT')
   표시

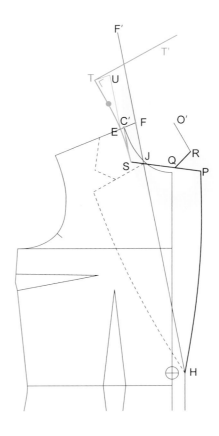

(5) 칼라 외곽선 제도

① 칼라 스탠드(TV) : 점(T)에서 보조선(TT')를 따라 3cm 떨어진 점(V) 표시 (TV = 3cm)

② 칼라 너비(VW) : 점(V)에서 보조선(TT')를 따라 4.5cm 떨어진 점(W) 표시 (VW = 4.5cm)

    ※ 칼라 스탠드가 겉쪽에서 보이지 않도록, 칼라 너비(VW)를 칼라 스탠드(TV)보다 1~1.5cm 정도 더 크게 제도한다.

③ 칼라 외곽선(W~X~R)

    – 곡선(WX) : 점(W)에 곡선(ET)와 평행한 곡선(WX) 표시 (TE = WX, EX = TW)

    ※ 뒤중심선(TW)는 칼라 뒷목둘레선(TE) 및 칼라 외곽선(WX)와 직각을 유지해야 한다. (TW⊥TE, TW⊥WX)

    – 곡선(XR) : 점(X)과 점(R)을 완만한 곡선으로 연결

    ※ 곡선(XR)은 점(O')를 지나지 않아도 되며, 곡선(WX)와 꺾임 없이 자연스럽게 연결되도록 그린다.

④ 칼라 꺾임선(VJ) : 점(V)와 점(J)를 자연스러운 곡선으로 연결

    ※ 곡선(VJ)는 점(F)를 지나지 않아도 되며, 직선(JH)와 꺾임 없이 자연스럽게 연결되도록 그린다.

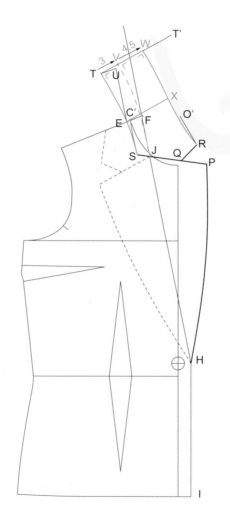

(6) 칼라와 몸판 분리

① 안단선(YZ)

- 점(Y) : 여밈단(I)에서 9~11cm 떨어진 점(Y) 표시 (IY = 9~11cm)
- 점(Z) : 몸판의 목옆점(C')에서 3~4cm 떨어진 점(Z) 표시 (C'Z = 3~4cm)
- 곡선(YZ) : 점(Y)부터 라펠 꺾임점(H)까지는 앞중심선과 평행한 직선으로 그리다가, 점(Z)에서 라펠 꺾임점(H) 높이까지는 자연스러운 곡선으로 연결

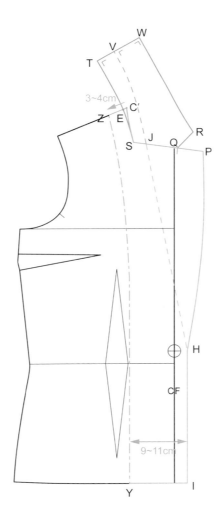

② 몸판 패턴과 칼라 패턴 분리

- 몸판 패턴의 앞목둘레선 : 외곽선(C'∼S∼J∼Q)를 따라
  자른다.
- 칼라 패턴의 앞목둘레선 : 외곽선(E∼S∼J∼Q)를 따라
  자른다.

  ※ 몸판 패턴의 목옆점은 점(C'), 칼라 패턴의 목옆점은 점(E)이다.
  칼라와 몸판을 분리할 때 C'∼S∼E 부분이 몸판 패턴과 칼라
  패턴에 모두 포함되도록 주의해서 분리한다.

③ 너치 표시

- 몸판의 점(J), 점(Q)에 너치 표시
- 칼라의 점(V), 점(E), 점(J)에 너치 표시

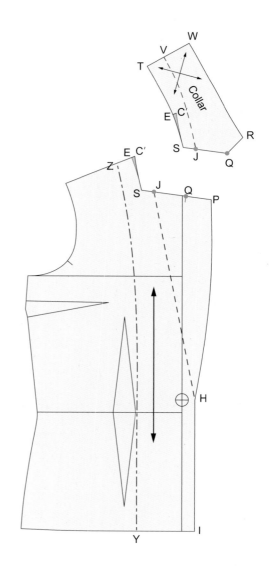

(7) 칼라 완성

① 안칼라 패턴 : 몸판 패턴과 분리한 칼라 패턴을 안칼라로
  사용

② 안칼라 식서 표시 : 안칼라의 재단 방향은 바이어스 방향
  으로 표시

  ※ 안칼라의 뒤중심선은 골선이 아니며 좌·우를 분리하여 2장을
  재단한다.

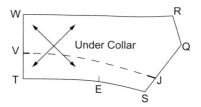

③ 겉칼라 패턴 제도
  – 점(W'), (R') : 안칼라의 끝점(W), (R)에서 0.3cm 떨어진 점(W'), (R')
    표시
  – 곡선(W'R') : 점(W')와 점(R')를 곡선(WR)과 평행한 곡선으로 연결
  – 직선(R'Q) : 점(R')와 점(Q)를 직선으로 연결
④ 겉칼라의 재단 방향은 뒤중심선(TW')과 90°로 식서 방향 표시
  ※ 겉칼라의 뒤중심선은 골선이며, 좌·우를 연결하여 1장으로 재단한다.

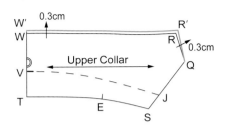

(8) 시접 표시

① 몸판 패턴 시접
  – 어깨선, 옆선 : 1.5cm
  – 밑단(안단부위 제외) : 5cm

  – 목둘레, 진동둘레선, 라펠선 : 1cm
② 칼라 패턴 시접 : 1cm
③ 안단 패턴 시접 : 어깨선(1.5cm)를 제외하고 모두 1cm

◎ 완성

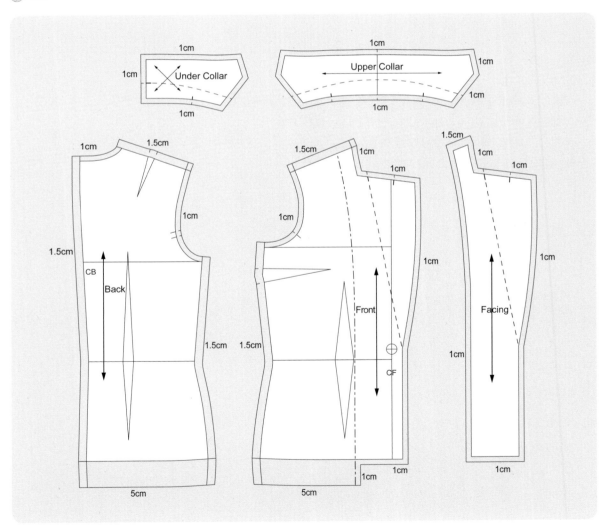

❽ 카울네크라인 Cowls Neckline

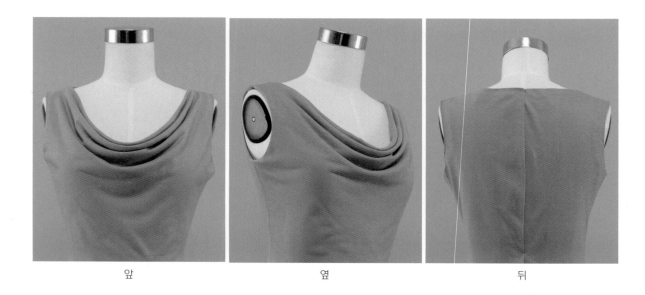

앞   옆   뒤

(1) 앞판 제도

① 네크라인(CD) 제도

- 점(C) : 어깨선(AB)를 3등분한 후, 1/3 위치에 점(C) 표시 (BC = AB/3 = ★)
- 점(D) : B.P에서 그린 수평선이 앞중심선과 만나는 점(D) 표시
- 직선(CD) : 점(C)와 점(D)를 직선으로 연결
- 네크라인(CD) 절개 : 직선(CD)를 따라 몸판을 잘라낸다.

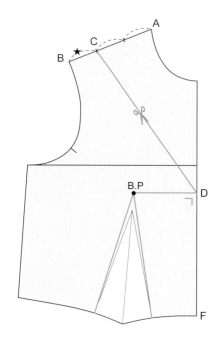

② 카울 주름선(ED)

　　– 점(E) : 어깨선(BC)를 이등분한 점(E) 표시 (BE = BC/2)

　　– 곡선(ED) : 점(E)와 점(D)를 곡선으로 연결

③ 앞중심다트(B.P~D) 이동

　　– 직선(B.P~D)를 자른 후, 허리다트를 닫고 절개선(B.P~D) 사이를 벌린다.

　　※ 허리다트 분량을 모두 닫을 수도 있고, 일부만 닫고 나머지는 허리 여유분으로 사용할 수도 있다.

　　※ 허리다트를 닫으면서 이동된 앞중심다트의 다트 분량(DD')는 카울네크라인의 드레이프 주름 분량으로 사용된다.

　　– 카울 주름선(ED') 절개 : 직선(ED')를 자른다.

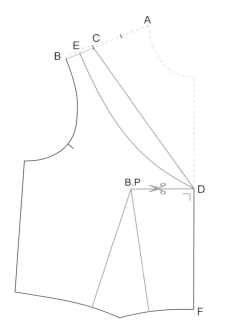
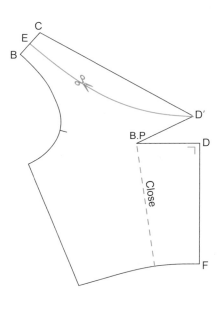

④ 카울 주름 만들기
- 제도지 준비 : 새로운 제도지를 반으로 접은 골선 상태로 준비
- 수평보조선(GG') : 제도지의 상단에서 15cm 아래에 수평선(GG') 표시
- 카울 주름분(D'D") 벌림 : 절개한 카울 주름선(ED')를 벌린다.
- 제도지의 골선에 바디스 패턴의 앞중심선 끝점(F)와 카울 주름 절개선의 끝점(D")를 맞춘다.
- 제도지의 수평선(GG')에 바디스 패턴의 점(C)를 맞춘다.
※ 배치한 패턴 조각들 사이의 공간(DD', D'D", D"G)가 카울네크 라인의 주름 분량이 된다.
⑤ 어깨곡선(BC) : 점(B), 점(E), 점(C)를 완만한 곡선으로 연결

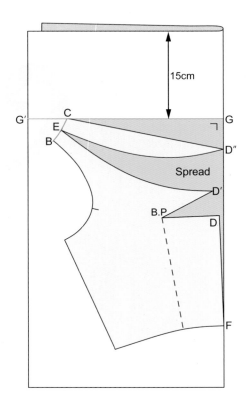

⑥ 안단 제도
- 안단폭(GH) : 점(G)에서 수직으로 10cm 떨어진 점(H) 표시 (GH = 10cm)
- 보조선(CI) : 수평선(CG)를 대칭축으로 어깨선(BC)를 트레이싱한다. (CI = BC = ★)
- 안단어깨선(CJ) : 보조선(CI)를 3등분한 후, 2/3 지점에 점(J) 표시 (CJ = ★×2/3)
- 안단곡선(HJ) : 점(H)와 점(J)를 완만한 곡선으로 연결
⑦ 패턴 트레이싱 : 룰렛과 초크페이퍼를 사용하여 패턴의 외곽선(안단 포함)을 트레이싱한 후 제도지를 펼친다.

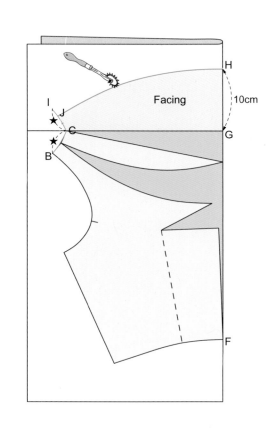

⑧ 식서 표시 : 바이어스의 재단 방향 표시

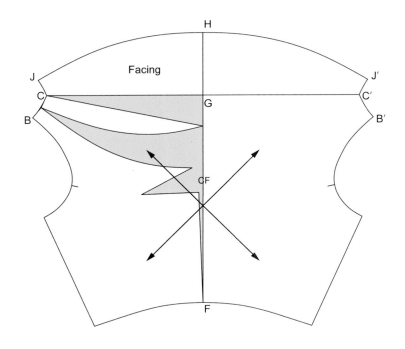

⑨ 시접 표시

 – 옆선, 어깨선, 허리선 : 1.5cm

 – 진동둘레 : 1cm

 ※ 안단선(J〜H〜J')의 가장자리를 오버로크하는 경우에는 별도의 시접 분량을 주지 않는다.

◉ 완성

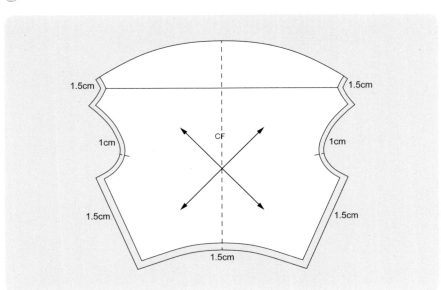

(2) 뒤판 제도

① 네크라인 곡선(LN)
- 직선(MN) : 뒤판의 어깨가쪽점(M)에서 앞판의 어깨길이(★)만큼 떨어져 점(N) 표시 (MN = ★)
- 점(L) : 점(K)에서 5cm 내려간 점(L) 표시 (KL = 5cm)
- 곡선(LN) : 점(L)과 점(N)을 곡선으로 연결
- 절개 : 네크라인선(LN)을 따라 패턴 절개

② 어깨다트(RS) 삭제
- 점(O) : 점(N)에서 뒤어깨다트 분량(RS)만큼 떨어져 점(O) 표시 (NO = RS)
- 뒤판 어깨선(OM) : 점(O)과 점(M)을 직선으로 연결
- 다트 삭제 : 네크라인선(LN) 사이에 포함된 뒤어깨다트 분량(RS) 삭제

③ 뒤판 목둘레 안단선(PQ) 제도
- 점(P) : 점(L)에서 5cm 내려간 점(P) 표시 (LP = 5cm)
- 점(Q) : 점(O)에서 어깨길이(OM)의 2/3만큼 떨어져 점(Q) 표시 (OQ = ★ × 2/3)
- 곡선(PQ) : 점(P)와 점(Q)를 완만한 곡선으로 연결

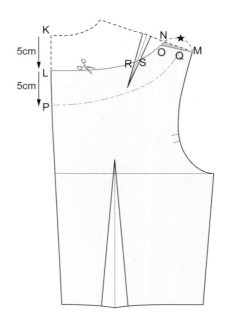
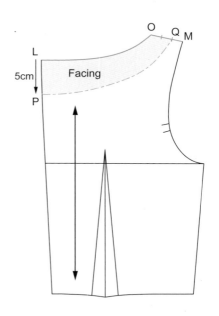

④ 시접 표시

- 옆선, 어깨선, 허리선 : 1.5cm

- 진동둘레, 목둘레선 : 1cm

- 뒤중심선 : 2cm

※ 안단선(PQ)의 가장자리를 오버로크하는 경우에는 별도의 시접 분량을 주지 않는다.

◉ 완성

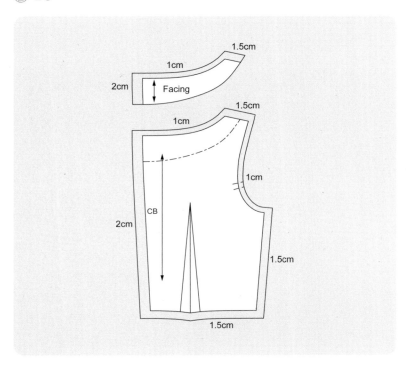

5. 스커트 패턴

A. 기본형 스커트 패턴 BASIC SKIRT PATTERN

- 기본형 스커트는 허리에서 엉덩이까지 타이트하게 감싸는 실루엣으로, 엉덩이선부터 밑단까지 같은 너비를 유지한다.
- 앞판 패턴과 뒤판 패턴에 각각 1∼2개의 허리다트를 제도한다.
- 허리다트의 길이는 앞판보다 뒤판이 더 길다.

- **필요치수 : 허리둘레, 엉덩이둘레, 엉덩이길이, 스커트길이(스커트길이 대신 무릎길이를 사용할 수 있다.)**

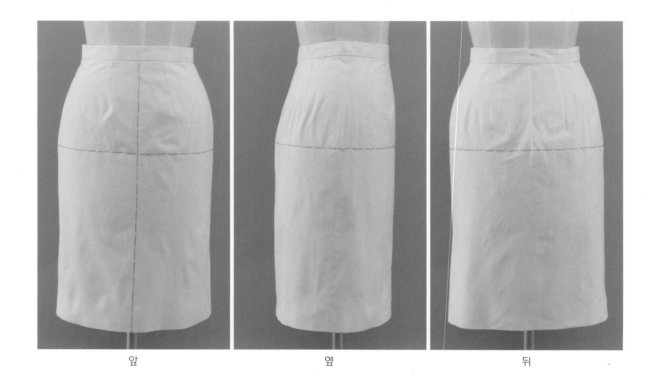

앞   옆   뒤

❶ 스커트 패턴 기초선 제도

(1) 기초선

① AB = CD = 스커트 길이

② AC = BD = 엉덩이둘레/2 + 1cm

③ 점(A), 점(B), 점(C), 점(D)를 표시한 후 직선으로 연결

(2) 엉덩이둘레선(Hip Line)

① AE = CF = 엉덩이길이

② 점(E), 점(F)를 표시한 후 직선 연결

(3) 옆선(Side Seam Line)

① EI(뒤엉덩이선) = 엉덩이둘레/4 + 1cm

  ※ EI = H/4 + 0.5cm(앞뒤차) + 0.5cm(여유량)

② FI(앞엉덩이선) = 엉덩이둘레/4

  ※ FI = H/4 − 0.5cm(앞뒤차) + 0.5cm(여유량)

③ 점(I)를 표시한 후 수직선(HG)를 연결

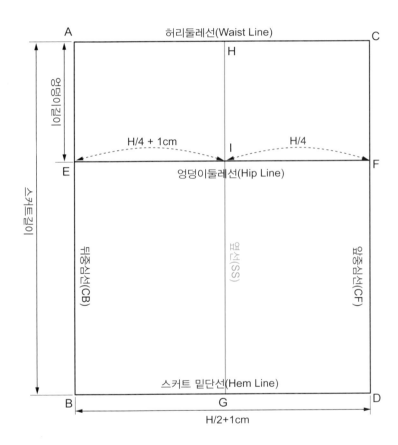

❷ 허리선, 옆선 제도

(1) 앞허리선(CL)

① 허리옆점(L) : 점(H)에서 앞중심 방향으로 2cm, 위로 0.5cm 올려 점(L) 표시

② 허리곡선(CL) : 점(C)와 점(L)을 힙커브자를 이용하여 곡선 연결

   ※ 점(C)에서 수평선을 그리다가, 점(L)을 향해 완만하게 올라가는 곡선을 그린다.

(2) 뒤허리선(NM)

① 허리옆점(M) : 점(H)에서 뒤중심 방향으로 2cm, 위로 0.5cm 올려 점(M) 표시

② 허리뒤점(N) : 점(A)에서 1cm를 내려서 점(N) 표시 (AN = 1cm)

③ 허리곡선(NM) : 점(N)에서 점(M)까지 힙커브자를 이용하여 곡선 연결

   ※ 허리뒤점(N)에서 1/3은 기준선(AC)과 평행한 직선으로 그리다가, 점(M)을 향해 완만하게 올라가는 곡선을 그린다.

(3) 엉덩이 옆선(LI), (MI)

① 곡선(LI) : 점(L)에서 점(I)까지 완만한 곡선으로 연결

② 곡선(MI) : 점(M)에서 점(I)까지 완만한 곡선으로 연결

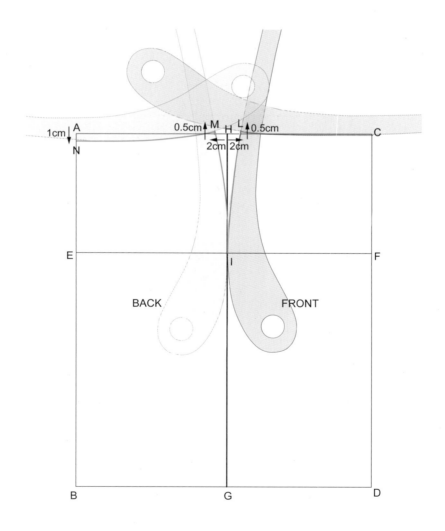

❸ 허리다트 제도

(1) 앞허리다트 기준선

① 점(O), (P) : 앞허리선(CL)을 3등분하고, 점(O)와 점(P)를
   표시 (CO = OP = PL)

② 점(Q) : 점(O)에서 수직으로 9cm 내려간 점(Q) 표시
   (OQ = 9cm)

③ 점(R) : 점(P)에서 수직으로 10cm 내려간 점(R) 표시
   (PR = 10cm)

(2) 뒤허리다트 기준선

① 점(S), (T) : 뒤허리선(NM)을 3등분하고, 점(S)와 점(T)를
   표시 (NS = ST = TM)

② 점(U) : 점(S)에서 허리선(NM)에 수직으로 12cm 내려간
   점(U) 표시 (SU = 12cm, SU⊥NM)

③ 점(V) : 점(T)에서 허리선(NM)에 수직으로 11cm 내려간
   점(V) 표시 (TV = 11cm, TV⊥NM)

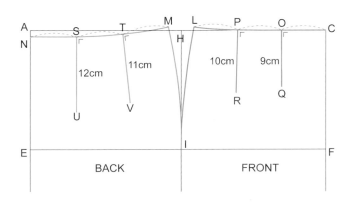

(3) 앞허리다트선

① 앞허리다트 분량(★) = 앞허리선 길이(CL) − 허리둘레/4 −
   1cm

   ※ ★ = ◆ − {W/4 + 0.5cm(앞뒤차) + 0.5cm(여유량)}

   ※ 앞허리다트 분량(★)이 2cm 이하로 작을 경우에는, CL의
     이등분점에 1개의 다트만 만든다.

② 앞허리다트 : 앞허리다트 분량(★)의 1/2 치수(★/2)를 점
   (O)와 점(P)에 각각 표시

③ 앞허리다트선 : 점(Q), 점(R)을 다트 분량과 각각 연결

(4) 뒤허리다트선

① 뒤허리다트 분량(◎) = 뒤허리선 길이(NM) − 허리둘레/4

   ※ ◎ = ◇ − {W/4 − 0.5cm(앞뒤차) + 0.5cm(여유량)}

   ※ 뒤허리다트 분량(◎)이 2cm 이하로 작을 경우에는, NM의
     이등분점에 1개의 다트만 만든다.

② 뒤허리다트 : 뒤허리다트 분량(◎)의 1/2 치수(◎/2)를 점
   (S)와 점(T)에 각각 표시

③ 뒤허리다트선 : 점(U), 점(V)를 다트 분량과 각각 연결

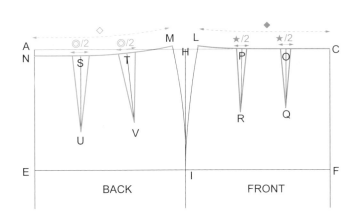

❹ 허리선 정리

① 다트를 중심선 쪽으로 꺾어 접는다.
② 다트 허리선 정리 : 다트를 접은 상태에서 허리 곡선을 매끄럽게 정리하고, 룰렛으로 트레이싱한다.

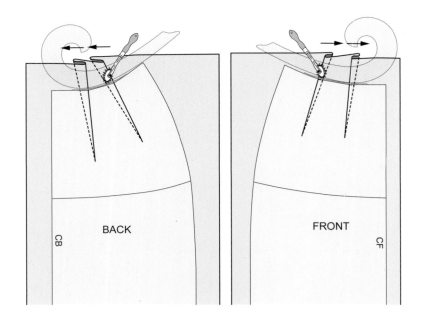

③ 옆허리선 정리 : 앞판과 뒤판의 허리옆점을 맞춘 상태에서 허리선이 매끄럽게 연결되도록 정리한다.

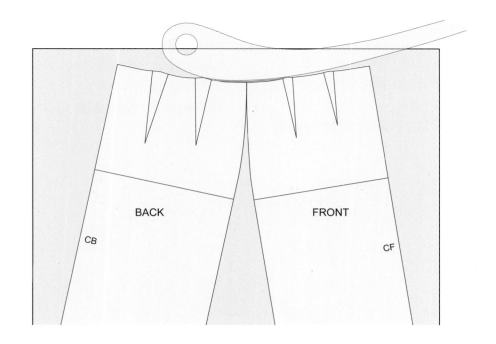

❺ 패턴 완성

(1) 허리밴드 제도

① 허리밴드 길이 : $(a+b+c+d+e+f) \times 2 + 3cm =$ 스커트 허리둘레 + 여밈단 길이

   ※ 스커트 앞판 패턴 허리둘레(●) = $a+b+c$
   ※ 스커트 뒤판 패턴 허리둘레(▼) = $d+e+f$

② 허리밴드 높이 : 3~4cm

③ 너치 표시 : 허리밴드의 허리앞점, 허리옆점, 허리뒤점에 너치 표시한다.

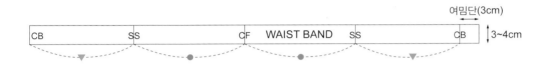

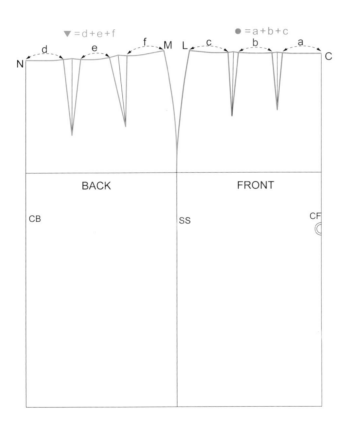

(2) 시접 패턴 완성

① 스커트 패턴과 허리밴드 패턴에 식서 방향과 골선 표시
  - 스커트 패턴은 식서 방향을 중심선과 평행하게 표시
  - 허리밴드 패턴은 식서 방향을 가로 방향으로 표시
  - 앞스커트의 좌·우가 연결된 상태로 재단되도록 앞중심선(CF)에 골선 표시
② 시접 표시
  - 허리둘레선 : 1cm
  - 옆선 : 1.5cm
  - 뒤중심선 : 2cm
  - 밑단선 : 5cm
  - 허리밴드 : 1cm

◎ 완성

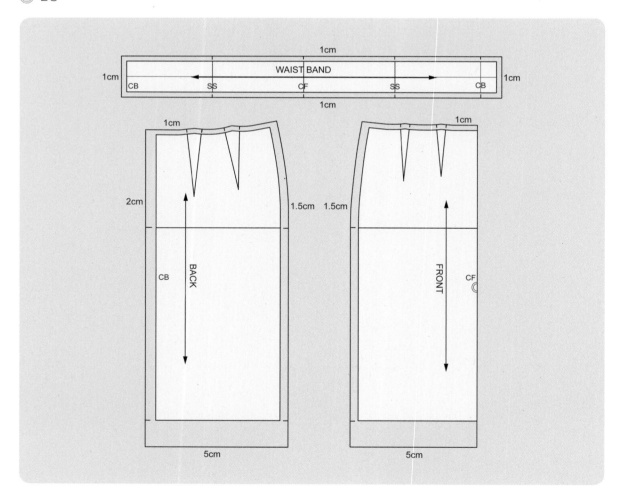

❶ 원다트 스커트 One Dart Skirt

· 앞패턴과 뒤패턴에 1개의 허리다트가 있는 스커트 디자인이다.
· 다양한 스타일의 패턴을 변형할 때 기본형으로 활용한다.

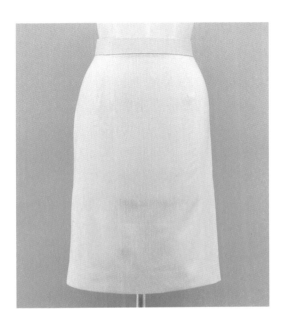

(1) 패턴 준비
2개의 허리다트가 있는 기본형 스커트 패턴 준비

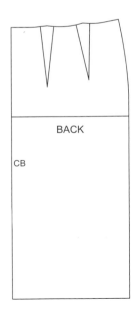

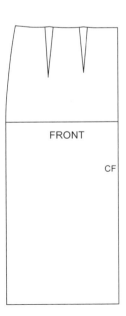

(2) 앞판 다트 합치기

① 점(A) : 2개의 앞허리다트 사이에 이등분점(A) 표시

② 직선(AD) : 점(A)에서 10cm 길이의 수직선(AD) 표시 (AD = 10cm)

③ 다트 분량(CB) : 기본형 스커트 패턴의 앞허리다트 2개를 합하여
　　점(A)의 좌·우에 표시 (CB = ◆ × 2, CA = AB)

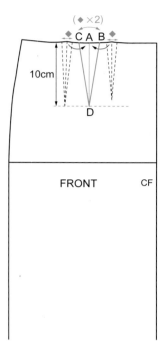

(3) 뒤판 다트 합치기

① 점(E) : 2개의 뒤허리다트 사이에 이등분점(E) 표시

② 직선(EH) : 점(E)에서 12cm 길이의 수직선(EH) 표시 (EH = 12cm)

③ 다트 분량(FG) : 기본형 스커트 패턴의 뒤허리다트 2개를 합하여
　　점(E)의 좌·우에 표시 (FG = ● × 2, FE = EG)

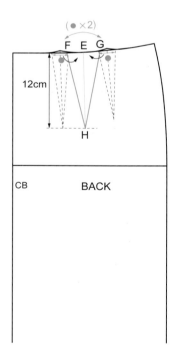

(4) 시접 표시

① 허리둘레선 : 1cm

② 옆선 : 1.5cm

③ 뒤중심선 : 2cm

④ 밑단선 : 5cm

⑤ 허리밴드 : 1cm

◎ 완성

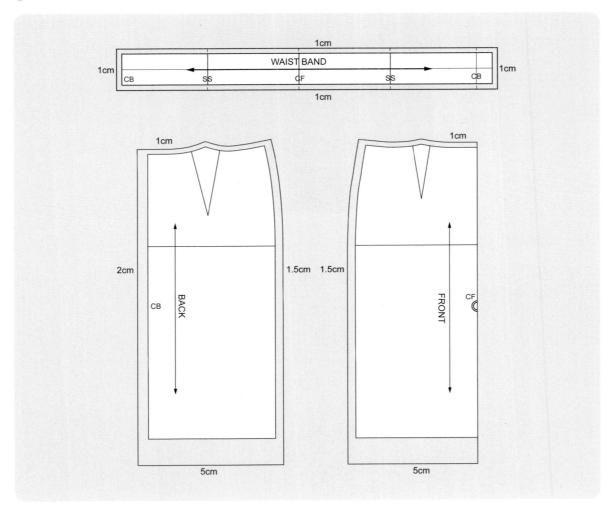

❷ 로우 웨이스트 스커트 Low Waist Skirt

- 허리선의 위치를 5~6cm 내린 디자인이다.
- 앞허리다트는 생략한다.
- 허리밴드 대신 안단을 사용한다. 안단은 스커트 허리선 안쪽에 부착하므로 겉으로 드러나지 않는다.

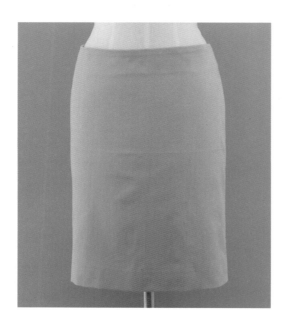

(1) 패턴 준비
기본형 스커트 패턴 준비

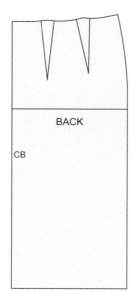
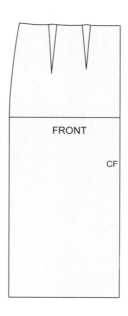

(2) 앞허리선 수정

① 허리앞점(C) : 점(A)에서 6cm 내려간 곳에 점(C) 표시 (AC = 6cm)

② 허리옆점(D) : 점(B)에서 5cm 내려간 곳에 점(D) 표시 (BD = 5cm)

③ 앞허리선(CD) : 점(C)와 점(D)를 완만한 곡선으로 연결하고, 새로운 앞허리둘레선(CD)를 따라 패턴을 절개하여 분리

(3) 뒤허리선 수정

① 허리뒤점(G) : 점(E)에서 5cm 내려간 곳에 점(G) 표시 (EG = 5cm)

② 허리옆점(H) : 점(F)에서 5cm 내려간 곳에 점(H) 표시 (FH = 5cm)

③ 뒤허리선(GH) : 점(G)와 점(H)를 완만한 곡선으로 연결하고 새로운 뒤허리둘레선(GH)를 따라 패턴을 절개하여 분리

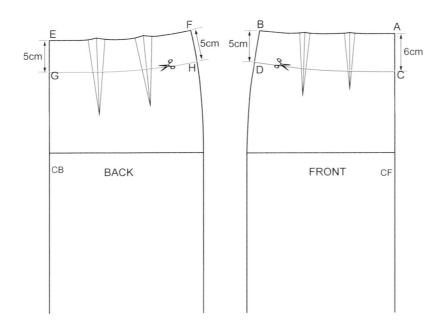

(4) 앞허리다트 정리

① 다트 삭제 : 앞허리다트 분량(★, ☆)을 측정한 후, 다트선을 삭제
② 옆선 수정
　　– 점(I) : 허리옆점(D)에서 다트 분량(★＋☆)만큼 떨어진 곳에 점(I)
　　　를 표시 (DI ＝ ★＋☆)
　　– 점(I)에서 엉덩이둘레선까지 완만한 곡선 연결

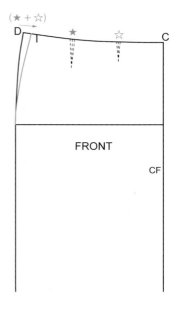

(5) 뒤허리다트 정리

① 다트 삭제 : 뒤허리다트 분량(■, □)을 측정한 후, 다트선을 삭제
② 다트 합치기
　　– 점(K) : 2개의 뒤허리다트 사이에 이등분점(K)를 표시
　　– 다트중심선(KL) : 점(K)에서 허리둘레선(GH)와 수직인 직선(KL)
　　　표시 (KL⊥GH)
　　※ 점(L)은 엉덩이둘레선에서 5cm 올라간 위치
　　– 다트 분량(MN) : 다트 중심선(KL)에 뒤스커트 다트 분량(■＋□)
　　　의 2/3를 표시 (MN ＝ (■＋□)×2/3)
　　– 다트선(M~L~N) : 점(M), 점(N)을 다트포인트(L)과 직선으로 연결
③ 옆선 수정
　　– 점(J) : 허리옆점(H)에서 뒤스커트 다트 분량의 1/3만큼 이동하여
　　　점(J) 표시 (HJ ＝ (■＋□)×1/3)
　　– 점(J)에서 엉덩이둘레선까지 완만한 곡선 연결

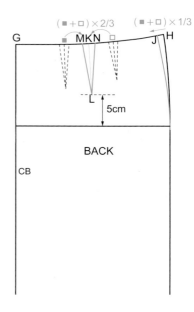

(6) 허리안단 제도

① 앞허리안단(C∼O∼P∼I) : 허리선(CI)에서 5cm 폭으로 제도 (CO = IP = 5cm)

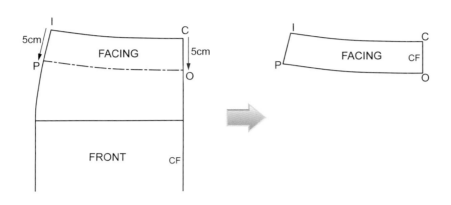

② 뒤허리안단(G∼Q∼R∼J)

- 허리선(GJ)에서 5cm 폭으로 제도 (GQ = JR = 5cm)
- 안단 패턴에 포함된 다트선(ST, UV)는 접어서 닫는다.
- 다트를 닫은 후, 연결 부위를 부드러운 곡선으로 정리

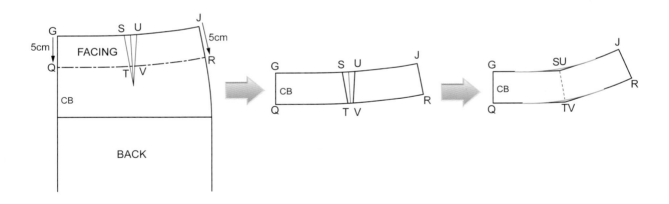

(7) 완성선 정리

① 식서와 골선 표시

  - 스커트 패턴의 식서 방향은 중심선과 평행하게 표시
  - 안단 패턴의 식서 방향은 수평으로 표시
  - 앞스커트와 앞안단은 각각 좌·우가 연결된 상태로 재단되도록 앞중심선에 골선 표시

② 시접 표시

  - 허리둘레선 : 1cm
  - 옆선 : 1.5cm
  - 뒤중심선 : 2cm
  - 밑단선 : 5cm

  ※ 안단 아래쪽 가장자리를 오버로크하는 경우, 별도의 시접을 주지 않는다.

◎ 완성

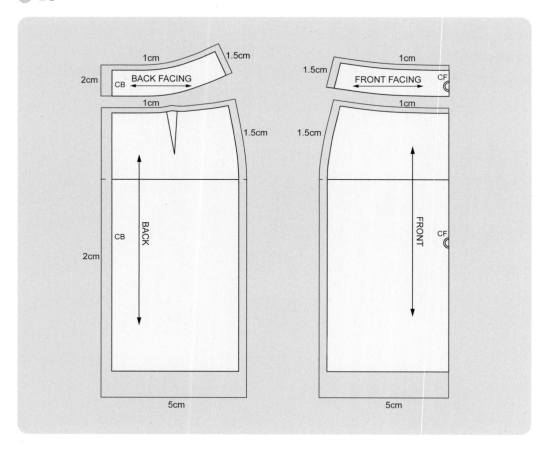

❸ 에이라인 스커트 A-line Skirt

- 허리선 아래의 스커트 실루엣이 아래로 점차 벌어지면서 A형태로 보이는 스커트이다.
- 앞과 뒤스커트 패턴에 허리다트가 있는 경우가 많으며, 스커트 밑단의 플레어 분량은 많지 않다.

(1) 패턴 준비
원다트 스커트 패턴 준비

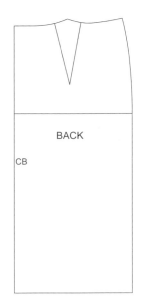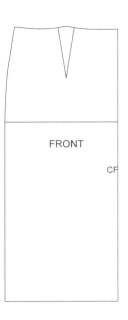

(2) 앞스커트 제도

① 직선(AB) : 다트포인트(A)에서 스커트 밑단을 향해 수직선(AB) 제도

② 절개 : 점(B)에서 점(A)를 향해 직선(AB)를 자른다.

③ 플레어 분량 : 점(A)를 고정한 상태에서, 절개선 사이(BB')가 7cm 벌어질 때까지 허리 분량(DE)를 줄인다. (BB' = 7cm)

    ※ 밑단 플레어 분량(BB')를 벌리기 위해 원다트 스커트의 허리다트 분량(DE)를 줄인다.

    ※ 스커트 밑단의 플레어 분량(7cm)은 디자인에 따라 줄이거나 늘릴 수 있다.

④ 옆선 그리기

    – 점(F) : 스커트 밑단점(C)에서 3.5cm 떨어진 점(F)를 표시한다.

    ※ 밑단 옆선의 분량(CF)는 플레어 분량(7cm)의 1/2 (CF = BB'/2)

    – 옆선(FG) : 점(F)에서 스커트의 옆선을 향해 접선(G)를 표시하고 직선으로 연결

    – 옆선(FG)와 스커트 밑단이 90°를 이루도록 밑단선 정리

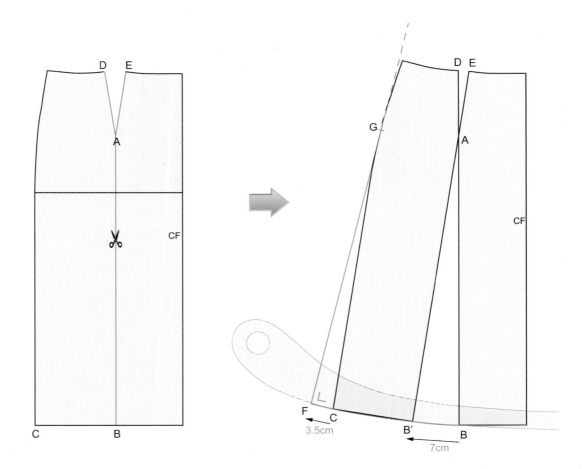

(3) 뒤스커트 제도

① 직선(HI) : 다트포인트(H)에서 스커트 밑단을 향해 수직선(HI) 제도

② 절개 : 점(I)에서 점(H)를 향해 직선(HI)를 자른다.

③ 플레어 분량 : 점(H)를 고정한 상태에서, 절개선 사이(II')가 7cm 벌어질 때까지 허리 분량(JK)를 줄인다. (II' = 7cm)

　※ 밑단 플레어 분량(II')를 벌리기 위해 원다트 스커트의 허리다트 분량(JK)를 줄인다.

　※ 스커트 밑단의 플레어 분량(7cm)은 디자인에 따라 줄이거나 늘릴 수 있다.

④ 옆선 그리기

　– 점(M) : 스커트 밑단점(L)에서 3.5cm 떨어진 점(M)을 표시한다. (LM = 3.5cm)

　※ 밑단 옆선의 분량(LM)은 플레어 분량(7cm)의 1/2 (LM = II'/2)

　– 옆선(MN) : 점(M)에서 스커트의 옆선을 향해 접점(N) 표시

　– 옆선(MN)과 스커트 밑단이 90°를 이루도록 밑단선 정리

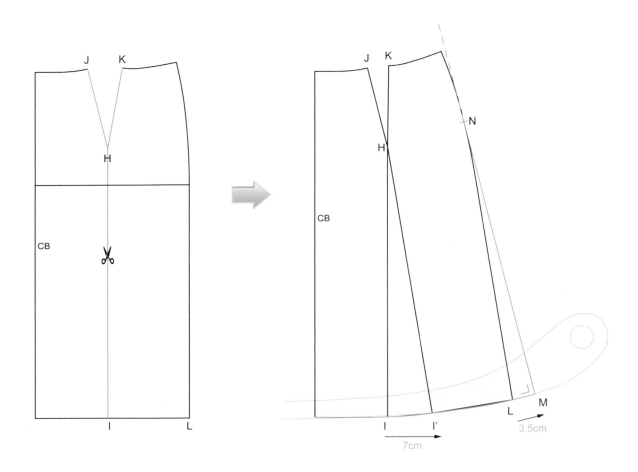

(4) 완성선 정리

① 식서 방향과 골선 표시
  - 스커트 패턴의 식서 방향을 중심선과 평행하게 표시
  - 허리밴드 패턴의 식서 방향을 수평으로 표시
  - 앞스커트의 좌·우가 연결된 상태로 재단되도록 앞중심선에 골선 표시
② 시접 표시
  - 허리선 : 1cm
  - 옆선 : 1.5cm
  - 뒤중심선 : 2cm
  - 밑단선 : 5cm
  - 허리밴드 : 1cm

◎ 완성

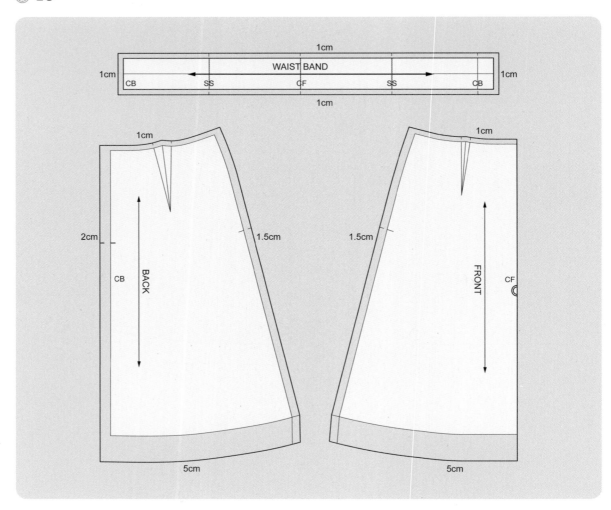

❹ 플레어 스커트 Flared Skirt

- 플레어 분량이 많아 풍성한 스타일의 스커트이다.
- 앞과 뒤스커트 패턴에 허리다트가 없다.
- 얇거나 부드러운 옷감에 어울리는 디자인이다.
- 스커트의 풍부한 주름이 스커트의 정면에 위치하도록 앞중심선을 바이어스 방향으로 재단한다.

(1) 패턴 준비
기본형 스커트 패턴 준비

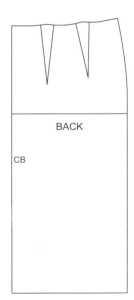
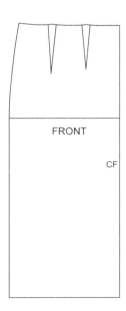

(2) 앞스커트 패턴 제도

① 패턴 절개

- 절개선(EG), (FH) : 다트포인트(E), (F)에서 스커트 밑단을 향해 수직선(EG), (FH) 제도
- 절개 : 직선(EG), (FH)를 밑단에서 다트포인트를 향해 자른다.

② 플레어 분량 만들기

- 다트 닫기 : 2개의 허리다트를 모두 닫는다.

※ 앞중심 다트를 닫으면, 점(G) 사이가 벌어진다. (GG' = ■)

※ 옆선 다트를 닫으면, 점(H) 사이가 벌어진다. (HH' = ●)

- 점(D') : 점(D)에서 허리다트를 닫아서 생긴 전체 플레어 분량(■ + ●)의 1/4만큼 떨어진 점(D') 표시 (DD' = (■ + ●)/4)

③ 옆선, 밑단선 완성

- 옆선(D'I) : 점(D')에서 스커트의 옆선을 향해 접점(I) 표시
- 밑단곡선 : 옆선(D'I)와 스커트 밑단(D'~C)가 점(D')에서 90°를 이루도록 밑단선 정리

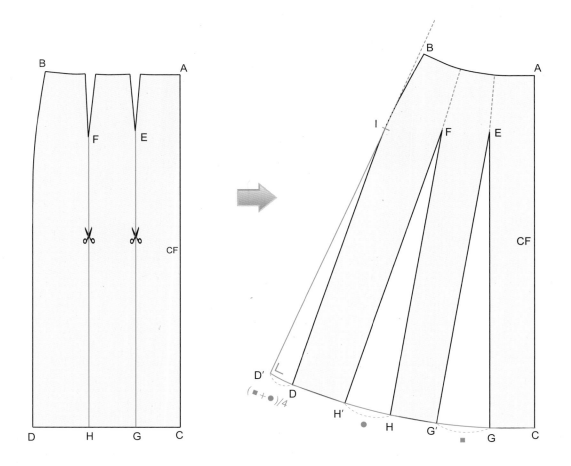

(3) 뒤스커트 패턴 제도

① 패턴 절개

　　– 절개선(NP), (OQ) : 점(N), (O)에서 스커트 밑단을 향해 수직선(NP), (OQ) 제도

　　– 절개 : 절개선(NP), (OQ)를 밑단에서 다트포인트를 향해 자른다.

② 플레어 분량 만들기

　　– 다트 닫기 : 2개의 허리다트를 모두 닫는다.

　　※ 뒤중심 다트를 닫으면, 점(P) 사이가 벌어진다. (PP' = □)

　　※ 옆선 다트를 닫으면, 점(Q) 사이가 벌어진다. (QQ' = ○)

　　– 점(M') : 점(M)에서 허리다트를 닫아서 생긴 전체 플레어 분량(□ + ○)의 1/4만큼 떨어진 점(M') 표시 (MM' = (□ + ○)/4)

③ 옆선, 밑단선 완성

　　– 옆선(M'R) : 점(M')에서 스커트의 옆선을 향해 접점(R) 표시

　　– 밑단곡선 : 옆선(M'R)과 스커트 밑단(M'~L)이 점(M')에서 90°를 이루도록 밑단선 정리

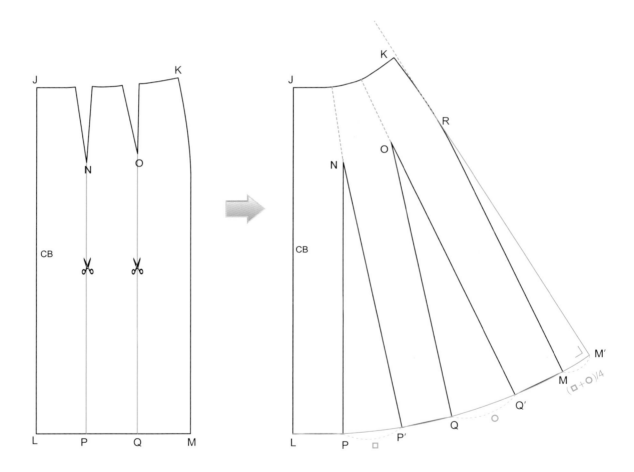

플레어 스커트 패턴의 옆선 조정

※ 허리선과 엉덩이선 제도 시 앞뒤차 0.5cm를 주었기 때문에, 기본형 스커트 원형의 다트 분량은 뒤판이 앞판보다 크다.
따라서 허리다트를 닫을 때 벌어지는 밑단의 플레어 분량은 뒤스커트 패턴이 앞스커트 패턴보다 크게 만들어진다.

※ 앞스커트 밑단길이(CD')와 뒤스커트 밑단길이(LM')의 차이가 클 경우, 스커트의 옆선이 앞쪽으로 쏠리게 된다. 따라서
앞스커트 패턴과 뒤스커트 패턴의 옆선을 맞추어 앞과 뒤스커트 밑단 차이를 2.5cm 이하가 되도록 만든다.

① 패턴 맞춤
   – 앞판 스커트 패턴의 허리옆점(F)와 뒤판 스커트 패턴의 허리옆점(K)를 맞춘다.
   – 앞중심선과 뒤중심선을 평행하게 놓고, 앞·뒤 스커트 패턴을 고정시킨다.
② 점(S) : 앞판 스커트 밑단점(D')와 뒤판 스커트 밑단점(M')의 중간에 이등분점(S)를 표시한다.
③ 스커트옆선(FS = KS) : 허리옆점(F,K)와 밑단 끝점(S)를 직선으로 연결한다.
④ 앞판 스커트 완성 : 직선(FS)를 앞판 스커트의 최종 옆선으로 제도한다.
   뒤판 스커트 완성 : 직선(KS)를 앞판 스커트의 최종 옆선으로 제도한다.

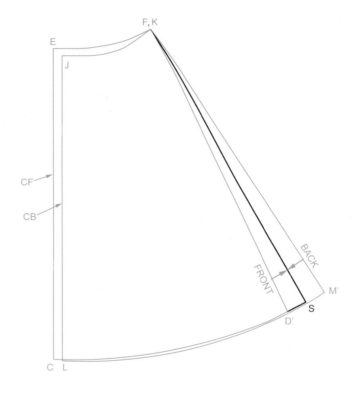

(4) 패턴 완성

① 식서 방향과 골선 표시
- 스커트 패턴의 중심선이 원단의 올방향과 45° 각도를 이루도록 바이어스 표시
- 허리밴드 패턴의 식서 방향을 수평으로 표시
- 앞판 스커트는 좌·우가 연결된 상태로 재단되도록 앞중심선에 골선 표시

② 시접 표시
- 허리선 : 1cm
- 옆선 : 1.5cm
- 뒤중심선 : 2cm
- 밑단선 : 2cm
- 허리밴드 : 1cm

◎ 완성

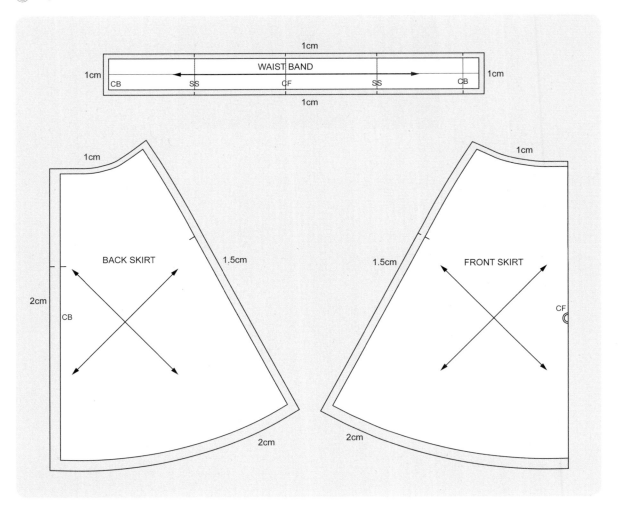

❺ 서큘러 스커트 Circular Skirt

- 플레어 분량이 매우 많은 원형의 스커트 패턴이다.
- 재단 시 주의사항 : 서큘러 스커트의 길이를 길게 디자인하는 경우, 앞중심선을 골선으로 만들면 스커트 패턴의 너비가 원단의 가로폭(44"~60")보다 클 수 있으며, 원단폭이 부족하여 재단할 수 없게 된다. 이 경우 앞중심선을 식서 방향으로 일치시키고, 앞중심선에 봉제선이 있게 좌·우를 각각 재단한다.

(1) 패턴 준비
기본형 스커트 패턴 준비

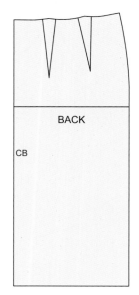
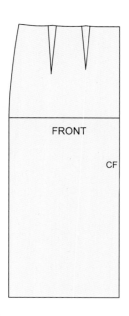

(2) 앞스커트 패턴 제도

① 직선(EG), (FH) : 다트포인트(E)와 (F)에서 스커트 밑단 끝점(G)와 (H)까지 수직선(EG), (FH) 제도

② 절개 : 직선(EG), (FH)를 밑단에서 다트포인트를 향해 자른다.

③ 플레어 분량 주기
  - 절개선(EG)와 절개선(FH)에 같은 플레어 분량을 주어 패턴 조각(2), (3)을 배치한다. (GG' = HH' = ●)
  - 절개선에서 벌린 분량(●)의 1/2을 옆선에 표시한다. (DD' = ●/2)
  ※ 360° 플레어의 경우, 앞중심선(CA)의 연장선(A~ⓐ)과 옆선(D'B)의 연장선(B~ⓐ)를 직각으로 맞춘다. (A~ⓐ⊥B~ⓐ)

④ 옆선, 밑단선 완성
  - 옆선(BD') : 기본형 스커트의 옆선(BD)와 동일한 길이의 직선(BD') 표시 (BD = BD')
  - 밑단(C~D') : 직선(CG), 직선(G'H), 직선(H'D), 점(D')를 곡선으로 연결
  - 허리둘레선(A~B) : 점(aa')와 점(bb') 부위를 매끄러운 곡선으로 정리

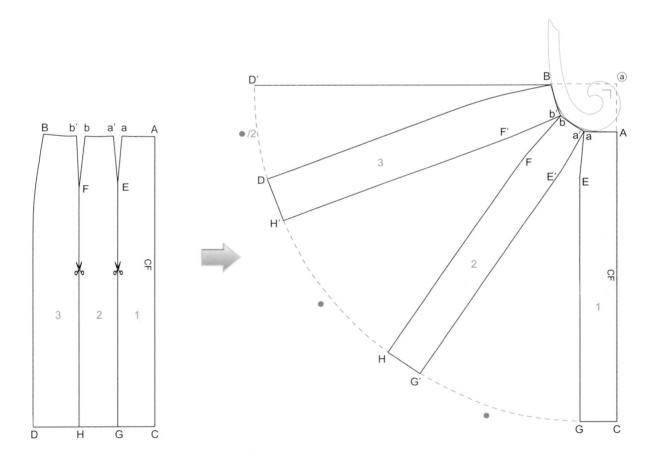

(3) 뒤스커트 패턴 제도

① 직선(NP), (OQ) : 점(N)과 (O)에서 스커트 밑단 끝점(P)와 (Q)까지 수직선(NP), (OQ) 제도

② 절개 : 직선(NP), (OQ)를 밑단에서 다트포인트를 향해 자른다.

③ 플레어 분량 주기
- 절개선(NP)와 절개선(OQ)에 같은 플레어 분량을 주어 패턴 조각(5), (6)을 배치한다. (PP' = QQ' = ■)
- 절개선에서 벌린 분량(■)의 1/2을 옆선에 표시한다. (MM' = ■/2)
- ※ 360° 플레어의 경우, 뒤중심선(JL)의 연장선(J~ⓑ)와 옆선(KM')의 연장선(K~ⓑ)를 직각으로 맞춘다. (J~ⓑ⊥K~ⓑ)

④ 옆선, 밑단선 완성
- 옆선(KM') : 기본형 스커트의 옆선(KM)과 동일한 길이의 직선(KM') 표시 (KM = KM')
- 밑단(L~M') : 직선(LP), 직선(P'Q), 직선(Q'M), 점(M')를 곡선으로 연결
- 허리둘레선(J~K) : 점(cc')와 점(dd') 부위를 매끄러운 곡선으로 정리

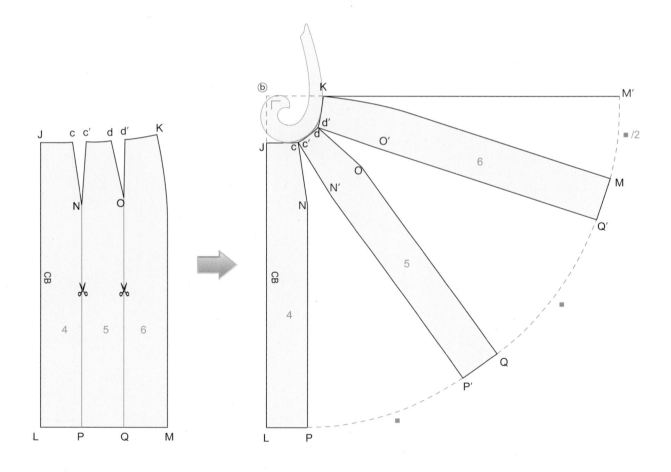

(4) 패턴 완성

① 스커트와 허리밴드 패턴에 식서 방향 표시
- 스커트 패턴은 중심선과 평행하게 식서 방향 표시
- 허리밴드 패턴은 수평으로 식서 방향 표시

② 시접 표시
- 허리둘레선 : 1cm
- 앞중심선, 옆선 : 1.5cm
- 뒤중심선 : 2cm
- 밑단선 : 2cm
- 허리밴드 : 1cm

◉ 완성

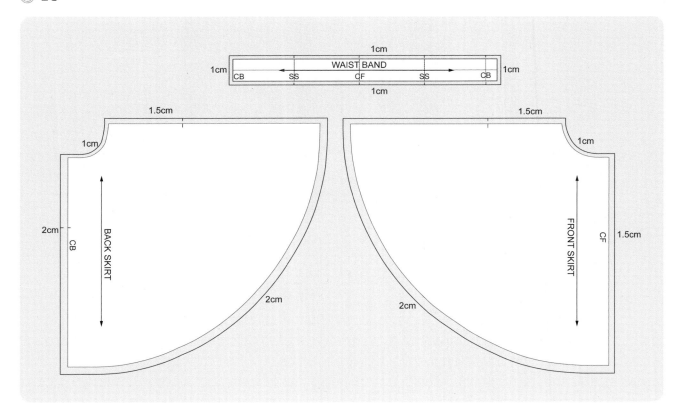

❻ 고어 스커트 Gored Skirt

- 고어라인의 하단에 플레어 분량이 있는 에이라인(A-line) 실루엣의 스커트이다.
- 앞과 뒤스커트 패턴이 각각 3개의 조각으로 구성된 6폭 고어 스커트이다.
- 앞중심과 뒤중심을 골선으로 재단한다.
- 다트선의 위치를 고어라인 사이로 이동하면 고어 절개선이 디자인뿐만 아니라 허리다트 역할도 함께 한다.

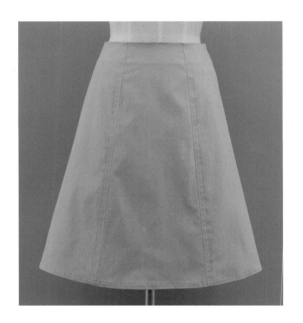

(1) 패턴 준비
원다트 스커트 패턴 준비

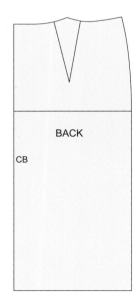
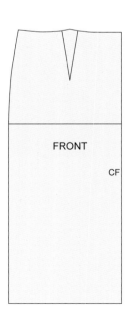

(2) 앞스커트 패턴 제도

① 보조선(BC) 제도

- 점(c) : 엉덩이둘레선(ab)를 3등분한 후, 1/3 위치에 점(c) 표시 (ca = ab/3)
- 직선(BC) : 점(c)에서 앞중심선에 평행한 수직선(BC) 표시

② 다트이동(D∼E∼F) : 다트(d∼e∼f)가 직선(BC) 위의 점(E)를 지나도록 평행 이동

③ 고어라인 제도

- 점(H), (G) : 점(B)에서 좌·우로 5cm 떨어진 곳에 점(H)와 점(G) 표시 (BG = BH = 5cm)
- 앞중심 패턴의 고어라인(F∼E∼H) : 다트끝점(F), 다트포인트(E), 밑단점(H)를 직선으로 연결
- 사이드 패턴의 고어라인(D∼E∼G) : 다트끝점(D), 다트포인트(E), 밑단점(G)를 직선으로 연결

④ 옆선 제도

- 옆선 플레어 분량 : 점(J)에서 5cm 떨어진 점(K) 표시 (JK = 5cm)
- 점(K)에서 옆선(JL)을 향해 접점(M) 표시
- 점(K), 점(M)를 직선으로, 점(M), 점(L)을 곡선으로 연결

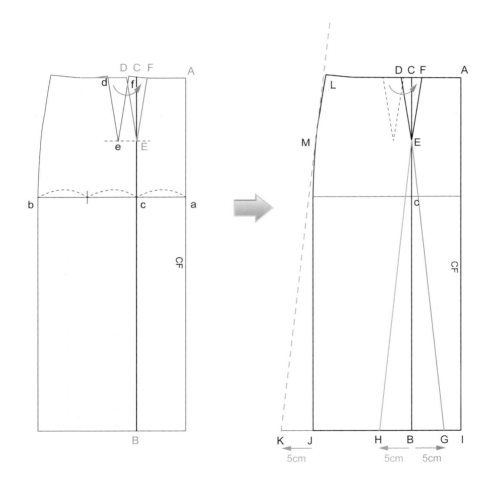

⑤ 밑단곡선
- 점(H'), (G'), (K') : 점(H), (G), (K)를 0.3~0.5cm 위로 이동시켜 점(H'), (G'), (K') 표시 (HH' = GG' = KK' = 0.3~0.5cm)
- 밑단곡선 정리 : 점(H'), (G'), (K')에서 옆선과 밑단선이 직각이 되도록 완성선 정리
⑥ 패턴 분리
- 앞중심 패턴과 사이드 패턴을 분리
※ 앞중심 패턴의 고어라인 : 직선(F~E~H')
※ 사이드 패턴의 고어라인 : 직선(D~E~G')
- 앞허리다트(D~E~F)는 고어라인 절개선 사이에 포함되면서 자연스럽게 삭제된다.

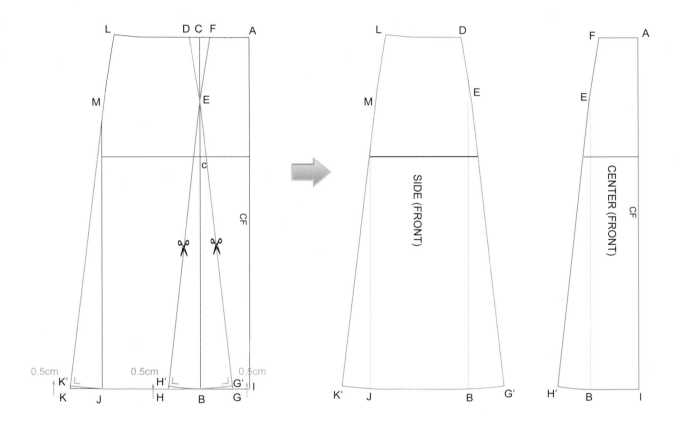

(3) 뒤스커트 패턴 제도

① 보조선(PO) 제도
- 점(p) : 엉덩이둘레선(nm)을 3등분한 후, 1/3 위치에 점(p) 표시 (np = nm/3)
- 직선(PO) : 점(p)에서 뒤중심선에 평행한 수직선(PO) 표시

② 다트 이동(Q~R~S) : 다트(q~r~s)가 직선(PO) 위의 점(R)을 지나도록 평행 이동

③ 고어라인 제도
- 점(T), (U) : 점(O)에서 좌·우로 5cm 떨어진 곳에 점(T)와 점(U) 표시 (TO = UO = 5cm)
- 뒤중심 패턴의 고어라인(Q~R~U) : 다트끝점(Q), 다트포인트(R), 밑단점(U)를 직선으로 연결
- 사이드 패턴의 고어라인(S~R~T) : 다트끝점(S), 다트포인트(R), 밑단점(T)를 직선으로 연결

④ 옆선 제도
- 옆선 플레어 분량 : 점(V)에서 5cm 떨어진 점(W) 표시 (VW = 5cm)
- 점(W)에서 옆선(XV)를 향해 접점(Y) 표시
- 점(W), 점(Y)를 직선으로, 점(Y), 점(X)를 곡선으로 연결

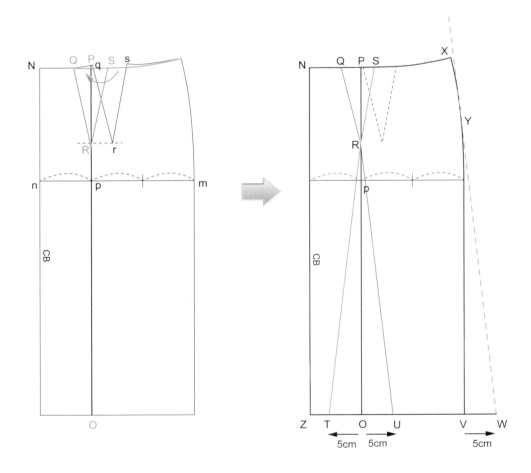

⑤ 밑단곡선

    – 점(T'), (U'), (W') : 점(T), (U), (W)를 0.3∼0.5cm 위로 이동시켜 점(T'), (U'), (W') 표시 (TT' = UU' = WW' = 0.3∼0.5cm)

    – 밑단곡선 정리 : 점(T'), (U'), (W')에서 옆선과 밑단선이 직각이 되도록 완성선 정리

⑥ 패턴 분리

    – 뒤중심 패턴과 사이드 패턴 분리

    ※ 뒤중심 패턴의 고어라인 : 직선(Q∼R∼U')

    ※ 사이드 패턴의 고어라인 : 직선(S∼R∼T')

    – 뒤허리다트(Q∼R∼S)는 고어라인 절개선 사이에 포함되면서 자연스럽게 삭제된다.

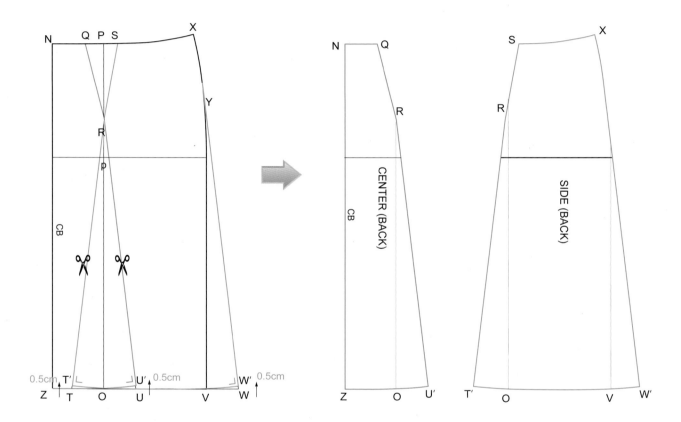

(4) 허리안단 패턴

① 앞허리안단 패턴(A~A'~L'~L)

- 앞중심 패턴의 다트선(FE)와 사이드 패턴의 다트선(DE)를 맞춘다.
- 다트선을 붙인 상태에서 점(D,E) 부근을 매끄러운 곡선으로 수정한다.
- 허리앞점(A)에서 5cm 내려가 점(A')를 표시한다. (AA' = 5cm)
- 허리옆점(L)에서 5cm 내려가 점(L')를 표시한다. (LL' = 5cm)
- 점(A')와 점(L')를 곡선으로 연결한다.

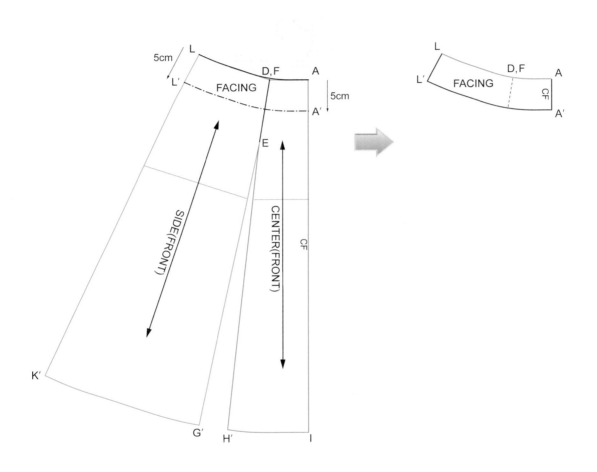

② 뒤허리안단 패턴(N∼N'∼X'∼X)

- 뒤중심 패턴의 다트선(QR)과 사이드 패턴의 다트선(SR)을 맞춘다.
- 다트선을 붙인 상태에서 점(Q,S) 부근을 매끄러운 곡선으로 수정한다.
- 허리뒤점(N)에서 5cm 내려가 점(N')을 표시한다. (NN' = 5cm)
- 허리옆점(X)에서 5cm 내려가 점(X')를 표시한다. (XX' = 5cm)
- 점(N')와 점(X')를 곡선으로 연결한다.

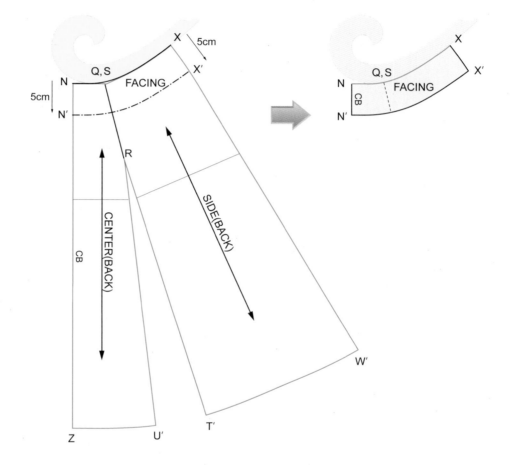

(5) 패턴 정리

① 고어라인 정리 : 다트포인트(R), (E) 부근이 자연스러운 곡선이 되도록 수정

② 골선 표시 : 앞중심선과 뒤중심선에 골선 표시 (6폭 고어스커트)

※ 뒤중심선을 골선 재단하는 경우, 허리밴드의 여밈과 지퍼는 왼쪽 옆선에 봉제

③ 식서 표시 : 앞과 뒤 중심선과 평행하게 식서 방향 표시

④ 너치 표시

※ 앞중심 패턴의 고어라인(F~E~H')와 앞판 사이드 패턴의 고어라인(D~E~G')의 이등분점(ⓐ)에 너치 표시

※ 앞옆판 패턴(LK')와 뒤옆판 패턴(XW')의 이등분점(ⓑ)에 너치 표시

※ 뒤중심 패턴(Q~R~U')와 뒤옆판 패턴(S~R~T')의 이등분점(ⓒ)에 너치 표시

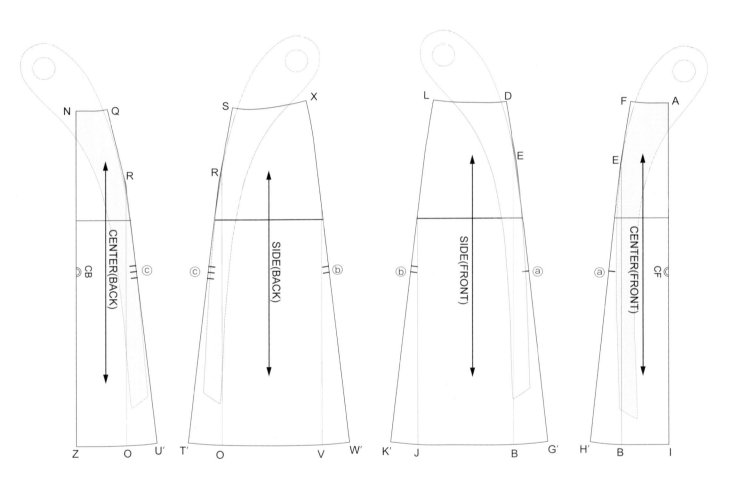

(6) 시접 정리

① 시접 표시

    – 허리둘레선 : 1cm

    – 옆선(지퍼 봉제) : 2cm

    – 고어라인 : 1.5cm

    – 밑단선 : 2cm

② 패턴에 재단되는 조각의 수 표시

    ※ 앞중심 패턴과 뒤중심 패턴, 안단 패턴은 좌·우가 연결된 상태로 1장 재단

    ※ 앞옆판 패턴과 뒤옆판 패턴은 좌·우가 대칭된 상태로 2장 재단

◎ 완성

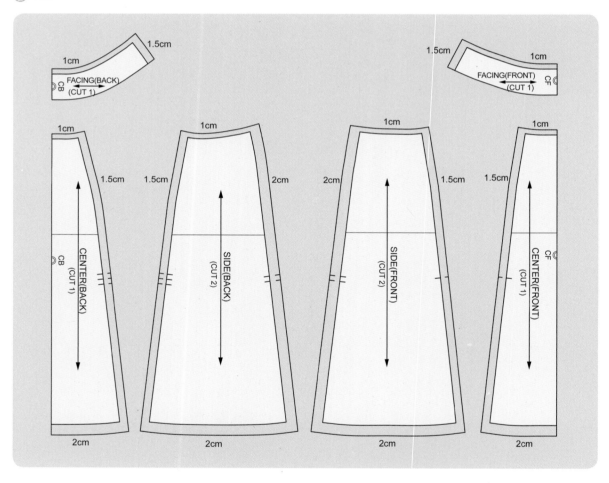

❼ 요크 플리츠 스커트 Yoke Pleats Skirt

- 허리요크 아래로 플리츠가 있는 스타일이다.
- 허리요크선을 엉덩이둘레선 위에 설정한다.
- 요크 제도 시 허리다트선을 닫기 때문에 요크 패턴에는 허리다트가 없다.

(1) 패턴 준비
기본형 스커트 패턴 준비

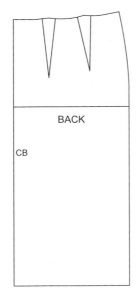
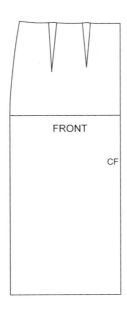

(2) 앞요크 패턴 제도

① 요크라인(EF)
  – 요크 시작점(E) : 점(A)에서 15cm 내려간 곳에 점(E) 표시
    (AE = 15cm)
  – 요크 끝점(F) : 점(B)에서 10cm 내려간 곳에 점(F) 표시
    (BF = 10cm)
  – 요크라인(EF) : 점(E)와 점(F)를 곡선으로 연결
② 절개선
  – 직선(CI), (DJ) : 다트포인트(C)와 (D)에서 스커트 밑단을
    향해 수직선(CI), (DJ) 제도
  – 요크라인 절개 : 요크라인(EF)를 따라 패턴을 2조각으로
    분리

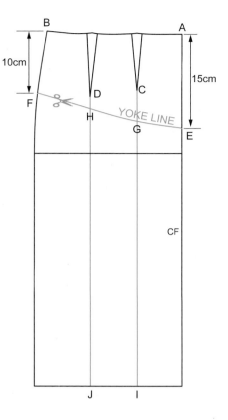

③ 허리요크 닫기
  – 점(H), (G) : 다트포인트(C)와 (D)를 요크라인(EF)까지 연장하여 점(H)와 점(G) 표시
  – 다트 닫기 : 연장한 다트포인트(H)와 (G)에 맞춰 허리다트를 닫는다.
  – 요크라인 정리 : 점(H)와 (G) 부근의 선이 각지지 않게 요크라인을 매끄럽게 정리

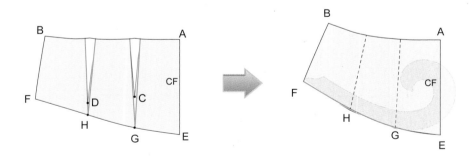

(3) 앞스커트 플레어 제도

① 앞스커트 패턴의 직선(G'I), (H'J)를 밑단에서 요크선까지 절개한다.

② 플레어 벌림
  - 요크라인의 플레어 시작점(H'), (G')는 벌어지지 않도록 고정한다.
  - 절개선(G'I)와 (H'J)의 밑단 끝점(I)과 (J)를 8cm씩 벌린다. (II' = JJ' = 8cm)

③ 옆선과 밑단선 그리기
  - 점(L') : 점(L)에서 4cm 떨어진 곳에 점(L') 표시 (LL' = 4cm)
  - 옆선(F'L') : 허리옆점(F')와 점(L')를 직선으로 연결
  - 요크라인 위의 점(H'), 점(G') 부근을 완만한 곡선으로 수정
  - 밑단곡선(L'K)를 완만한 곡선으로 연결
  - 옆선(F'L')와 스커트 밑단(L'K)가 만나는 끝점(L')를 직각으로 정리

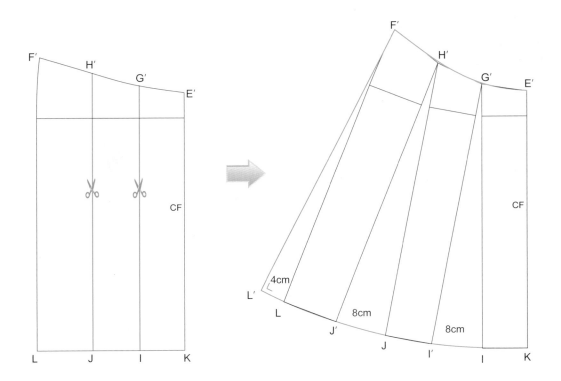

(4) 앞스커트 플리츠 제도

① 플리츠 절개선(ac), (bd)
   - 점(a), (b) : 요크라인(E'F')를 3등분한 점(a), (b)
     표시 (E'a = ab = bF')
   - 점(c), (d) : 밑단선(KL')를 3등분한 점(c), (d) 표
     시 (Kc = cd = dL')
   - 직선(ac), (bd) : 점(a), (b)를 점(c), (d)와 직선으
     로 연결

② 플리츠 절개 : 직선(ac), (bd)를 자른다.

③ A라인 실루엣의 플리츠 배치 : 절개선의 위쪽에
   3.5cm×2, 아래쪽에 7cm×2의 플리츠 분량을 2개
   씩 배치 (aa' = a'a" = bb' = b'b" = 3.5cm, cc' =
   c'c" = dd' = d'd" = 7cm)

   ※ 스커트의 실루엣에 따라 플리츠 분량의 위쪽과 아래
      쪽 너비를 조절한다.
      • H라인 실루엣의 경우, 위쪽과 아래쪽에 동일 너비
        의 플리츠 분량 설정
      • A라인 실루엣의 경우, 위쪽보다 아래쪽에 넓은 플
        리츠 분량 설정

④ 주름 방향 표시
   - 플리츠의 접힌 선(a'c'), (b'd')가 앞중심선(E'K)를
     향하도록 주름을 잡는다.
   - 주름 방향은 주름의 위쪽에 놓이는 선(ac), (bd)
     에서 아래쪽에 놓이는 선(a"c"), (b"d")를 향해
     화살표(또는 두 줄의 평행선)로 표시한다.

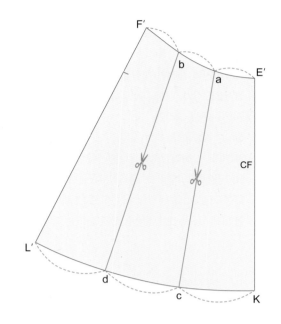
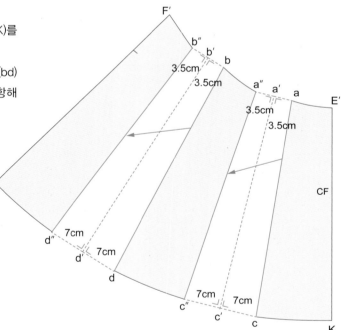

(5) 앞허리선과 밑단선 정리

① 플리츠 접기 : 플리츠를 앞중심선 쪽으로 접는다.

② 허리선 정리 : 플리츠를 접은 상태에서 허리선을 트레이싱하여 플리츠 완성선을 표시한다.

③ 밑단선 정리 : 플리츠를 접은 상태에서 밑단선을 트레이싱하여 밑단 완성선을 표시한다.

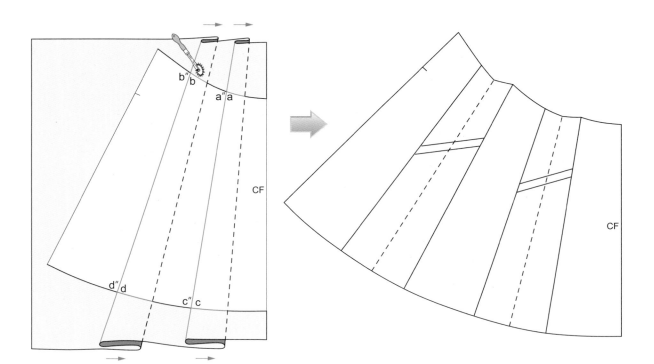

(6) 뒤요크패턴 제도

① 뒤요크라인(OP)

- 요크 시작점(O) : 점(S)에서 15cm 내려간 곳에 점(O) 표시
  (SO = 15cm)
- 요크 끝점(P) : 점(T)에서 10cm 내려간 곳에 점(P) 표시
  (TP = 10cm)
- 곡선(OP) : 점(O)와 점(P)를 곡선으로 연결

② 절개선

- 직선(MU), (NW) : 다트포인트(M)과 (N)에서 밑단을 향해 수
  직선(MU), (NW) 제도
- 요크라인 절개 : 요크라인(OP)를 따라 패턴을 자른다.

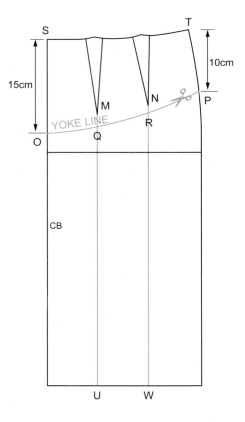

③ 뒤허리요크 닫기

- 점(Q), (R) : 다트포인트(M)과 (N)을 요크라인(OP)까지 연장하여 점(Q)와 점(R) 표시
- 다트 닫기 : 연장한 다트포인트(Q), (R)에 맞춰 허리다트를 닫는다.
- 요크라인 정리 : 점(Q)와 점(R) 부근이 각지지 않게 요크라인 정리

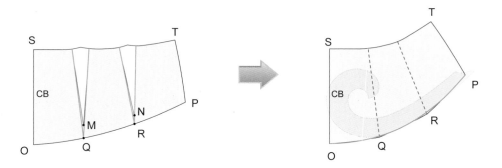

(7) 뒤스커트 플레어 제도

① 뒤스커트 패턴의 직선(Q'U)와 직선(R'W)를 자른다.

② 플레어 벌림

    – 요크라인의 플레어 시작점(Q'), (R')는 벌어지지 않도록 고정한다.

    – 절개선(Q'U)와 (R'W)의 끝점(U)와 (W)를 8cm씩 벌린다. (UU' = WW' = 8cm)

③ 옆선과 밑단선 그리기

    – 점(Y') : 점(Y)에서 4cm 떨어진 곳에 점(Y') 표시 (YY' = 4cm)

    – 옆선(P'Y') : 허리옆점(P')와 점(Y')를 직선으로 연결

    – 요크라인 위의 점(Q'), 점(R') 부근을 완만한 곡선으로 수정

    – 밑단 곡선(XY')를 완만한 곡선으로 연결

    – 옆선(P'Y')와 스커트 밑단(XY')가 만나는 끝점(Y')를 직각으로 정리

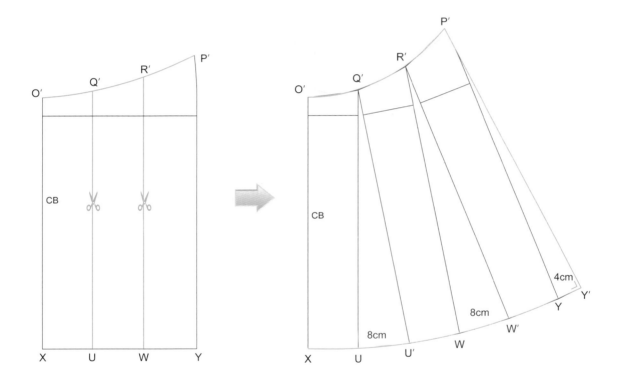

(8) 뒤스커트 플리츠 제도

① 플리츠 절개선(eg), (fh) 표시
  - 점(e), (f) : 요크라인(O'P')를 3등분한 점(e), (f) 표시
    (O'e = ef = fP')
  - 점(g), (h) : 밑단선(XY')를 3등분한 점(g), (h) 표시
    (Xg = gh = hY')
  - 직선(eg), (fh) : 점(e), (f)를 점(g), (h)와 직선으로
    연결

② 플리츠 절개 : 직선(eg), (fh)를 자른다.

③ A라인 실루엣의 플리츠 배치 : 절개선의 위쪽에
  3.5cm×2, 아래쪽에 7cm×2의 플리츠 분량을 2개
  씩 배치 (ee' = e'e" = ff' = f'f" = 3.5cm, gg' = g'g"
  = hh' = h'h" = 7cm)

  ※ 스커트의 실루엣에 따라 플리츠 분량의 위쪽과 아래쪽
    너비 조절한다.
    • H라인 실루엣의 경우에는 위쪽과 아래쪽에 동일한 너
      비의 플리츠 분량 설정
    • A라인 실루엣의 경우에는 위쪽보다 아래쪽에 넓은 플
      리츠 분량 설정

④ 주름 방향 표시
  - 플리츠의 접힌 선(e'g'), (f'h')가 뒤중심선(O'X)를
    향하게 주름을 잡는다.
  - 주름 방향 표시 : 주름의 위쪽에 놓이는 선(eg), (fh)
    에서 아래쪽에 놓이는 선(e'g'), (f"h")를 향해 화살표
    (또는 두 줄의 평행선)로 표시한다.

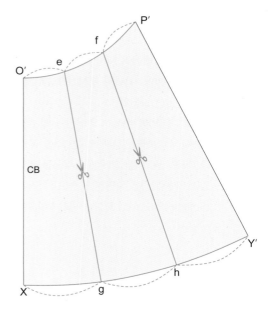

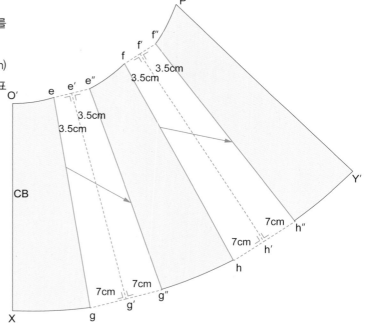

(9) 뒤허리선과 밑단선 정리

① 플리츠 접기 : 플리츠를 뒤중심선 쪽으로 접는다.

② 허리선 정리 : 플리츠를 접은 상태에서 허리선을 트레이싱하여 플리츠 완성선을 표시한다.

③ 밑단선 정리 : 플리츠를 접은 상태에서 밑단선을 트레이싱하여 밑단 완성선을 표시한다.

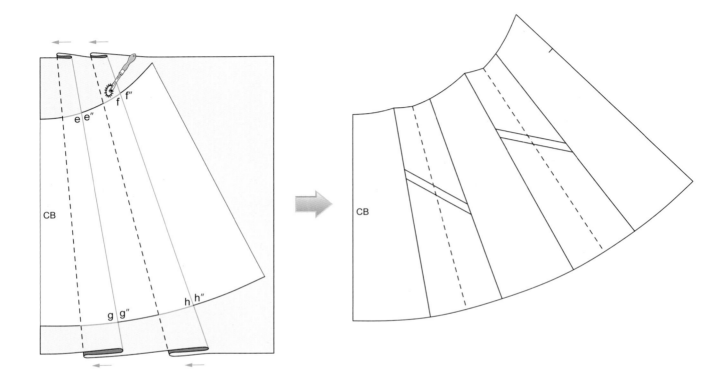

(10) 허리 안단 패턴

① 앞판 허리안단 패턴(A~A'~B'~B)

- 요크 패턴 복사 : 새로운 종이에 앞판 요크 패턴을 옮겨 그린다.
- 허리앞점(A)에서 5cm 내려가 점(A')를 표시한다. (AA' = 5cm)
- 허리옆점(B)에서 5cm 내려가 점(B')를 표시한다. (BB' = 5cm)
- 점(A')와 점(B')를 곡선으로 연결한다.

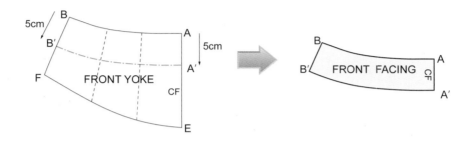

② 뒤판 허리안단 패턴

- 요크 패턴 복사 : 새로운 종이에 뒤판 요크 패턴을 옮겨 그린다.
- 허리뒤점(S)에서 5cm 내려가 점(S')를 표시한다. (SS' = 5cm)
- 허리옆점(T)에서 5cm 내려가 점(T')를 표시한다. (TT' = 5cm)
- 점(S')와 점(T')를 곡선으로 연결한다.

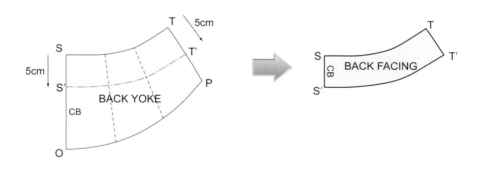

(11) 패턴 완성

① 제도 부호 표시

- 골선 : 안단, 요크, 스커트의 앞중심선에 골선 표시
- 식서 방향 : 요크 패턴과 스커트 패턴은 중심선과 평행한 방향으로, 안단 패턴은 수평 방향으로 재단 방향 표시
- 주름선 : 주름선과 주름을 접는 방향 표시

※ 주름 접는 방향 표시 : 주름을 접었을 때 위쪽 선에서 아래쪽 선을 향해 내려가는 기울어진 사선을 두 줄 그린다.

- 너치 : 요크라인에 플리츠 시작점을 표시

② 시접 표시

- 허리둘레선 : 1cm
- 옆선, 요크라인 : 1.5cm
- 뒤중심선 : 2cm
- 스커트 밑단선 : 2cm

◎ 완성

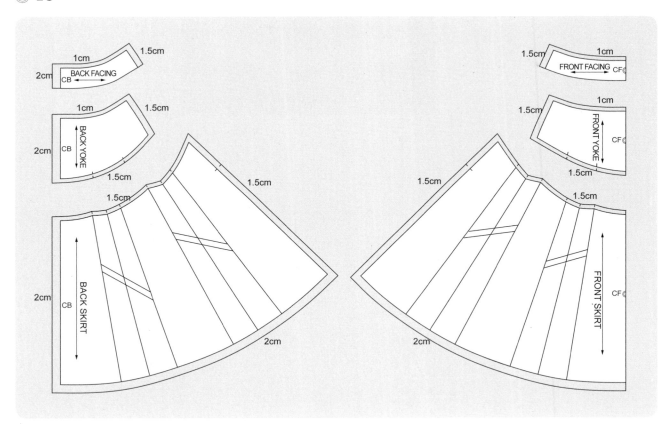

❽ 페그 스커트 Peg Skirt

- 허리 중심에서 옆선을 향해 사선 방향의 플리츠를 넣은 스커트이다.
- 허리 아래 엉덩이 부위가 부풀은 형태로 팽이 모양(Peg Top)의 실루엣이다.
- 허리밴드에 플리츠를 고정한다.
- 플리츠의 기울기와 개수를 조절하면 다양한 실루엣으로 변형 가능하다.

(1) 패턴 준비
기본형 스커트 패턴 준비

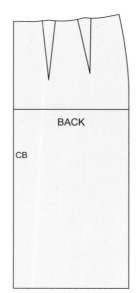
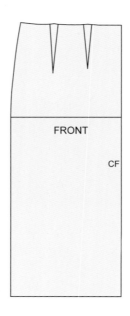

(2) 플리츠선 제도

① 직선(BC) : 다트포인트(A)와 다트 끝점(B)를 직선으로 연결한 후, 옆선까지 연장하여 직선(BC)를 표시한다.

② 직선(EF) : 다트포인트(D)를 지나면서 직선(BC)와 평행한 직선(EF)를 그린다.

③ 절개 : 직선(AB)와 직선(DE)를 자른다.

④ 허리다트 이동

    – 앞중심쪽 다트선(ID)와 (BD)를 붙이고, 절개선(DE)를 벌린다.

    – 옆선쪽 다트선(GA)와 (HA)를 붙이고, 절개선(AB)를 벌린다.

    – 사선 방향의 허리다트(B'~A~B,I), (E'~D~E)가 만들어진다.

⑤ 패턴 분리

    – 직선(AC)와 직선(DF)를 다트포인트에서 옆선을 향해 절개한다.

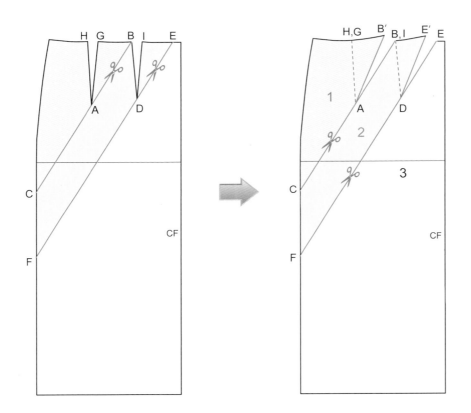

(3) 플리츠 주름 분량 벌리기

① 패턴 조각(3)의 위치를 고정시킨다.

② 플리츠 분량(EE') : 옆선의 점(F)를 고정한 상태에서, 점(E)
와 점(E') 사이를 8cm 벌려서 패턴(2)의 위치를 고정시킨다.
(EE' = 8cm)

③ 플리츠 분량(BB') : 옆선의 점(C)를 고정한 상태에서, 점(B)
와 점(B') 사이를 8cm 벌려서 패턴(1)의 위치를 고정시킨다.
(BB' = 8cm)

④ 옆선의 점(C)와 점(F) 부위가 꺾임 없이 매끄럽도록 곡선을
수정한다.

⑤ 플리츠선 정리
 – 플리츠를 접은 상태에서 허리선을 룰렛으로 트레이싱한 후
 펼친다.
 – 플리츠의 위쪽에 놓이는 선(A'B'), (D'E')에서 아래쪽에 놓이
 는 선(AB), (DE)를 향해 화살표 또는 두 줄 평행선을 표시
 한다.

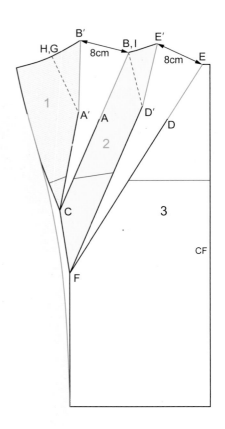

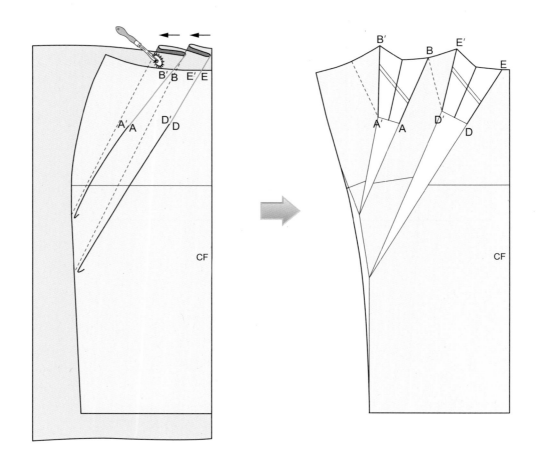

(4) 패턴 완성

① 앞중심선에 골선 표시를 한다.

② 중심선과 평행한 방향으로 식서를 표시한다.

③ 시접 표시

    – 허리선 : 1cm

    – 옆선 : 1.5cm

    – 밑단선 : 5cm

    – 뒤중심선 : 2cm

    – 허리밴드 : 1cm

◎ 완성

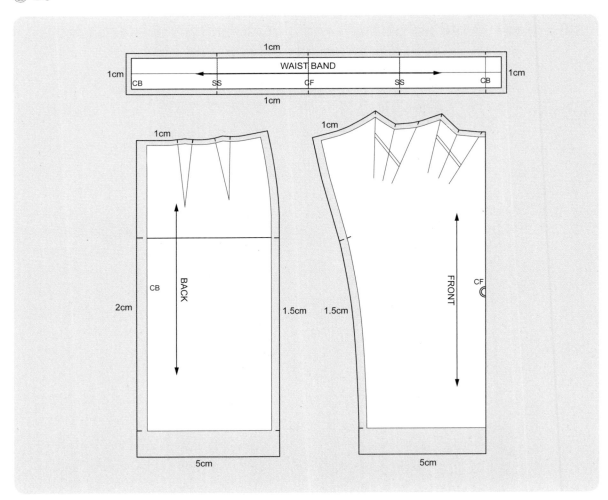

6. 팬츠 패턴

- 팬츠는 양쪽 다리를 각각 커버하는 하의이다.
- 인체의 하반신은 엉덩이가 돌출되어 있기 때문에 하의의 경우 앞판보다 뒤판 패턴을 넓게 제도한다.
- 팬츠의 스타일은 바지통의 너비나 바지의 길이에 따라 다양한 디자인이 가능하다.
- 바지통의 여유분에 따라 트라우저, 슬랙스, 진 팬츠 등으로 분류한다.

A. 기본형 팬츠 패턴 BASIC PANTS PATTERN

- 다양한 스타일의 팬츠 패턴을 제작할 때 기본형으로 활용할 수 있는 바지 원형이다.
- 엉덩이 굴곡이 나타나며, 허벅지에 여유가 있는 실루엣이다.
- 트라우저보다는 신체에 밀착되고, 진 팬츠보다는 여유가 있다.

- **필요치수 : 허리둘레, 엉덩이둘레, 엉덩이길이, 밑위길이, 무릎길이, 바지길이(바지길이 대신 허리높이를 사용할 수 있다.)**
    ※ **엉덩이길이, 밑위길이, 무릎길이의 경우 인체측정값 대신 비례값으로 사용할 수 있다.**

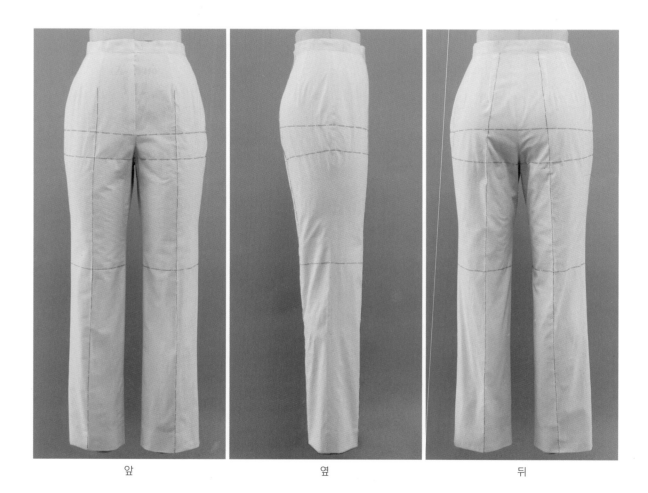

| 앞 | 옆 | 뒤 |

❶ 앞팬츠 패턴 제도

(1) 기준선 제도

① 바지길이(AB) : 점(A)에서 바지길이만큼 수직으로 내려가 점(B) 표시

　※ AB = 바지길이 (또는, 허리높이 − 6.5cm)

② 밑위길이 : 직선(AB) 위에 점(C) 표시

　※ AC = 밑위길이 + 1cm (또는 AC = 엉덩이둘레/4 + 3.5cm)

③ 엉덩이길이 : 직선(AB) 위에 점(D) 표시

　※ AD = 엉덩이길이 (또는 AD = 직선(AC) 길이 × 3/4)

④ 무릎길이 : 직선(AB) 위에 점(E) 표시

　※ AE = 무릎길이 (또는, 직선(AC) 길이 + 30cm)

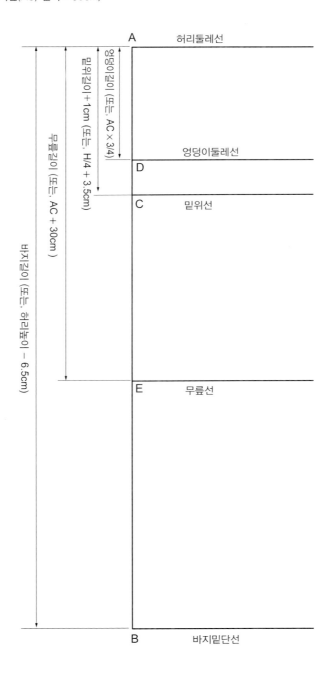

(2) 보조선 제도

① 엉덩이둘레선(DG) : 점(D)의 수평선에서 엉덩이둘레/4
떨어진 곳에 점(G) 표시

※ DG = 엉덩이둘레/4 − 0.5cm(앞뒤차) + 0.5cm(여유량)

② 허리둘레선(AF) : 점(A)의 수평선에서 직선(DG)만큼 떨
어진 곳에 점(F) 표시 (AF = DG)

③ 밑위둘레선(CH) : 점(C)의 수평선에서 직선(DG)만큼 떨
어진 곳에 점(H) 표시 (CH = DG)

④ 직선(FH) : 점(F)와 점(H)를 직선으로 연결

⑤ 앞샅폭(HI) : 점(H)에서 앞샅폭(엉덩이둘레/16 − 2cm)만
큼 떨어진 곳까지 직선(HI) 표시 (HI = H/16 − 2cm)

⑥ 무릎선(EJ) : 점(E)의 수평선에서 직선(CI)만큼 떨어진
곳까지 직선(EJ) 표시 (EJ = CI)

⑦ 바지밑단선(BK) : 점(B)의 수평선에서 직선(CI)만큼 떨어
진 곳까지 직선(BK) 표시 (BK = CI)

⑧ 바지주름선(NO)

– 점(M) : 직선(CI)의 이등분점(L)에서 오른쪽으로 0.3cm
이동한 점(M) 표시 (CM = CI/2 + 0.3cm)

– 바지주름선 점(M)에서 직선(AB)와 평행한 직선 제도

– 점(N), (P), (O) : 바지주름선과 허리선(AF), 무릎선(EJ),
바지밑단선(BK)가 교차하는 점(N), (P), (O) 표시

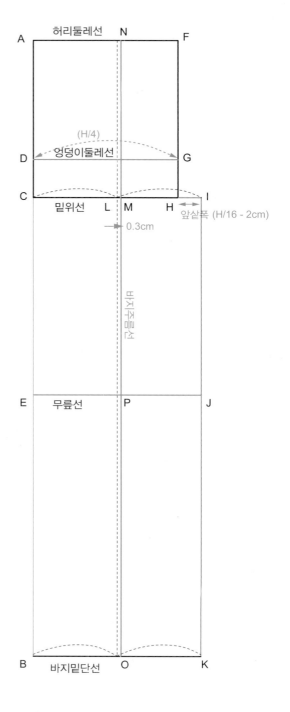

(3) 완성선 제도

① 앞중심선(UG)
- 허리앞점(U) : 점(F)에서 0.5cm 떨어진 곳에 점(U) 표시
  (FU = 0.5cm)
- 직선(UG) : 점(U), 점(G)를 직선으로 연결

② 밑위곡선(G~H"~I)
- 직선(GI) : 점(G)와 점(I)를 직선으로 연결
- 점(H') : 점(H)에서 직선(GI)와 직각으로 만나는 점(H') 표시
  (HH'⊥GI)
- 점(H") : 직선(HH')의 2/3 지점에 점(H") 표시 (HH" = HH'×2/3)
- 점(G), 점(H"), 점(I)를 곡선으로 연결

③ 엉덩이 옆선(W~D~C')
- 점(V) : 점(A)에서 오른쪽으로 2cm 떨어진 곳에 점(V) 표시
  (AV = 2cm)
- 점(W) : 점(V)에서 위로 0.5cm 떨어진 곳에 점(W) 표시
  (VW = 0.5cm)
- 점(C') : 점(C)에서 0.3cm 떨어진 곳에 점(C') 표시 (CC' = 0.3cm)
- 허리옆점(W), 엉덩이옆점(D), 점(C')를 완만한 곡선으로 연결

④ 바지통
- 무릎너비(TS) : 무릎선 위의 점(P)에서 좌·우로 10.5cm 떨어진 곳에 점(T)와 (S) 표시 (TP = PS = 10.5cm)
- 밑단너비(RQ) : 바지밑단선 위의 점(O)에서 좌·우로 9.5cm 떨어진 곳에 점(R)과 (Q) 표시 (RO = OQ = 9.5cm)

⑤ 인심라인(inseam line)
- 점(I), 점(S), 점(Q)를 직선으로 연결
- 직선(IS)의 이등분점에서 0.2~0.5cm 안으로 들어간 완만한 곡선으로 수정
- 곡선(IS)와 직선(SQ)가 만나는 점(S) 부근을 매끄러운 곡선으로 정리

⑥ 아웃심라인(outseam line)
- 점(C'), 점(T), 점(R)을 직선으로 연결
- 직선(C'T)의 이등분점에서 0.2~0.5cm 안으로 들어간 완만한 곡선으로 수정
- 곡선(C'T)와 직선(TR)이 만나는 점(T) 부근을 매끄러운 곡선으로 정리
- ※ 인심라인과 아웃심라인의 곡자 방향은 p.198을 확인

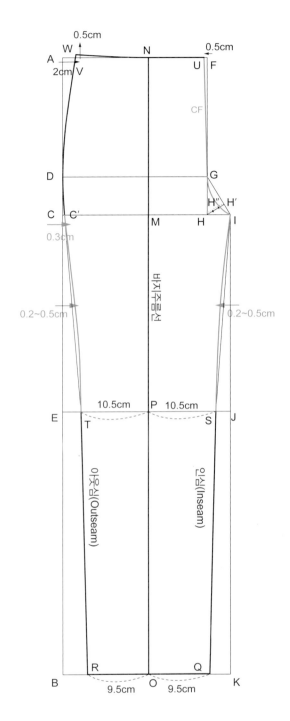

(4) 다트 제도

① 다트 중심선

- 점(X) : 허리옆점(W)와 바지주름선 끝점(N) 사이를 이등
  분하는 점(X) 표시 (WX = XN)
- 점(Y) : 점(N)에서 수직으로 9cm 내려간 점(Y) 표시
  (NY = 9cm, XN⊥NY)
- 점(Z) : 점(X)에서 허리둘레선(WX)와 90° 각도로 10cm
  내려간 점(Z) 표시 (XZ = 10cm, WX⊥XZ)

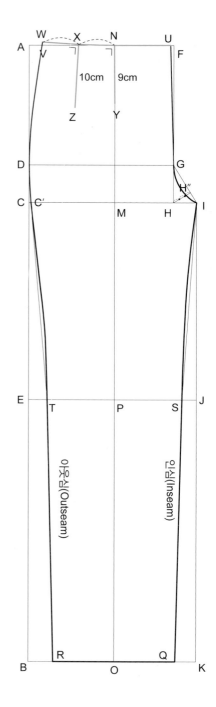

② 앞다트 분량(X'X"), (N'N")

- 앞허리다트 분량(★) = 앞허리선길이(UW) − 허리둘레/4 − 1cm
- ※ ★ = UW − {W/4 + 0.5cm(앞뒤차) + 0.5cm(여유량)}
- 앞허리다트 분량(★)의 1/2 분량(★/2)을 점(X)와 점(N)에 각각 표시 (X'X" = N'N" = ★/2)

👑 다트 수정

- 엉덩이둘레와 허리둘레의 차이가 적어 허리다트 분량 (X'X" + N'N")가 2cm 이하로 작게 계산되는 경우에는, 허리다트를 두 개로 나누지 않고 한 개로 합친다.
- 바지주름선(N) 위치에 1개의 허리다트를 제도한다.

---

③ 다트선 표시(X'~Z~X", N'~Y~N")

- 점(X'), 점(X")와 다트포인트(Z) 연결
- 점(N'), 점(N")와 다트포인트(Y) 연결

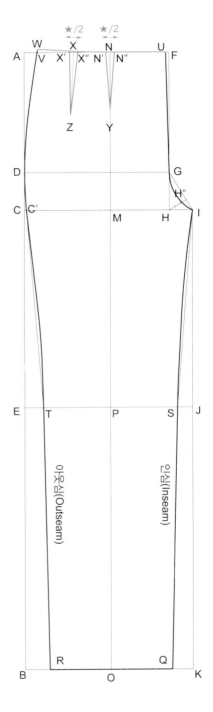

❷ 뒤팬츠 패턴 제도

(1) 기준선 제도
① 패턴 준비 : 새로운 종이 위에 완성한 앞판 팬츠 패턴을 옮겨 그린다.
② 점(a) : 허리앞점(U)와 바지주름선(N)의 이등분점 (Na = aU)
③ 뒤중심선(ab)
　　– 점(b) : 앞판 팬츠의 점(H)에서 왼쪽으로 1cm 이동한 점(b) 표시 (Hb = 1cm)
　　– 직선(ab) : 점(a)와 점(b)를 직선으로 연결
④ 밑위너비(dd')
　　– 점(c) : 앞팬츠 샅끝점(I)에서 뒤샅폭 분량만큼 이동한 점(c) 표시
　　※ 뒤샅폭 분량(Ic) = 엉덩이둘레/8 – 6cm
　　– 점(d) : 점(c)에서 수직으로 1.5cm 내려가 점(d) 표시 (cd = 1.5cm)
　　– 점(d') : 점(d)에서 그은 수평선과 뒤중심선(ab)의 연장선이 만나는 점(d') 표시
⑤ 뒤엉덩이둘레선(ef)
　　– 수평보조선(D'G) : 앞팬츠 패턴의 엉덩이둘레선(DG)를 연장한 직선(D'G) 표시
　　– 직선(ef) : 길이가 엉덩이둘레/4 + 1~1.5cm인 직선(ef)를, 뒤중심선(ab)와 90°를 이루면서, 수평보조선(D'G)
　　　와 만나도록 제도 (ef = H/4 + 1~1.5cm, ef⊥ab)
　　※ 뒤엉덩이둘레(ef) = 엉덩이둘레/4 + 0.5~1cm(여유량) + 0.5cm(앞뒤차)
⑥ 아웃심보조선
　　– 점(j) : 앞팬츠 무릎선 위의 점(T)에서 바깥쪽으로 1cm 떨어진 점(j) 표시 (Tj = 1cm)
　　– 점(h) : 앞팬츠 밑단선 위의 점(R)에서 바깥쪽으로 1cm 떨어진 점(h) 표시 (Rh = 1cm)
　　– 직선(jh) : 점(j)와 점(h)를 직선으로 연결
　　– 직선(ej) : 점(e)와 점(j)를 직선으로 연결
　　– 점(k) : 직선(ej)의 연장선과 허리옆점(W)에서 그은 수평선이 만나는 점(k) 표시
⑦ 인심보조선
　　– 점(i) : 앞팬츠 무릎선 위의 점(S)에서 바깥쪽으로 1cm 떨어진 점(i) 표시 (Si = 1cm)
　　– 점(g) : 앞팬츠 밑단선 위의 점(Q)에서 바깥쪽으로 1cm 떨어진 점(g) 표시 (Qg = 1cm)
　　– 직선(di) : 점(d)와 점(i)를 직선으로 연결
　　– 직선(ig) : 점(i)와 점(g)를 직선으로 연결

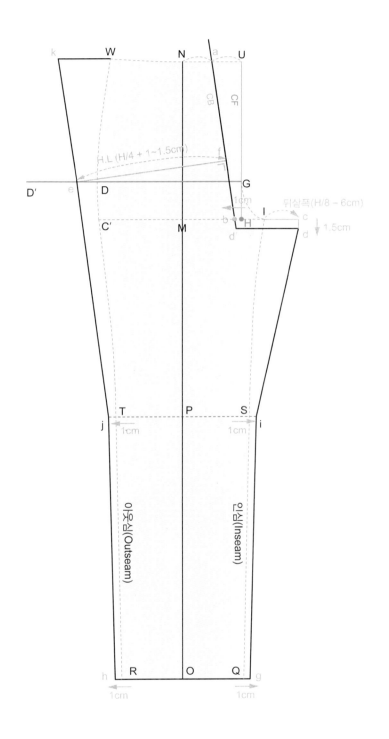

(2) 외곽선 제도

① 뒤허리선(mn) 제도

- 점(m) : 점(k)에서 2cm 안쪽으로 들어간 점(m) 표
  시 (km = 2cm)
- 보조선(aa') : 직선(ad')의 연장선
- 직선(mn) : 점(m)에서 보조선(aa')과 직각으로
  만나는 직선(mn) 표시 (mn⊥aa')

② 뒤밑위곡선(n~a~f'~l~d)

- 점(f') : 직선(nd')를 3등분한 후, 2/3 지점에 점(f')
  표시 (nf' = nd' X 2/3)
- 곡선(f'~l~d) : 점(f'), 점(l), 점(d)를 곡선으로 연결

③ 엉덩이옆선(me) : 허리옆점(m)과 엉덩이옆점(e)를
  완만한 곡선으로 연결

④ 인심라인(inseam line)

- 곡선(di) : 직선(di)의 이등분점에서 0.5~1cm
  안쪽으로 들어간 완만한 곡선
- 곡선(di)와 직선(ig)가 만나는 점(i)를 자연스럽
  게 연결

⑤ 아웃심라인(outseam line)

- 곡선(ej) : 직선(ej)의 이등분점에서 0.3~0.5cm
  안쪽으로 들어간 완만한 곡선
- 곡선(m~e~j)와 직선(jh)가 만나는 점(j)를 자
  연스럽게 연결

※ 인심라인과 아웃심라인의 곡자 방향은 p.198을 확인

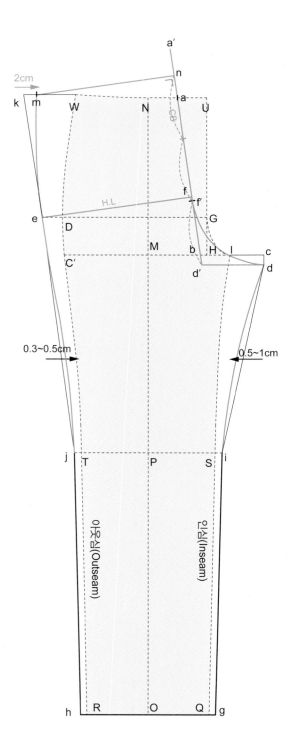

(3) 허리다트 제도

① 뒤허리선(pm)

– 허리뒤점(p) : 점(n)에서 0.5cm 내린 점(p) 표시 (np = 0.5cm)

– 뒤허리선(pm) : 점(p)와 허리옆점(m)을 연결

※ 점(p)에서 90° 각도의 직선을 유지하다가 허리옆점(m)을 향해 완만한 곡선으로 연결 (np⊥pm)

② 다트 중심선(rt), (qs)

– 다트중심점(r), (q) : 뒤허리선(pm)을 3등분하는 점(r), 점(q) 표시 (mr = rq = qp)

– 뒤중심쪽 다트중심선(qs) : 점(q)에서 허리둘레선(pm)에 수직으로 12cm 내린 직선 (qs = 12cm, qs⊥pm)

– 옆선쪽 다트 중심선(rt) : 점(r)에서 허리둘레선(pm)에 수직으로 11cm 내린 직선 (rt = 11cm, rt⊥pm)

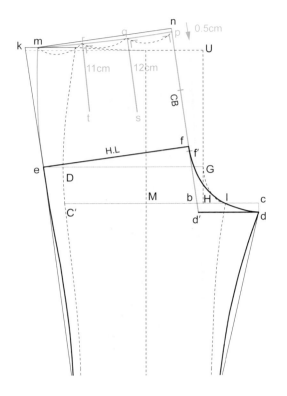

③ 뒤허리다트 분량(r'r"), (q'q")

– 뒤허리다트 분량(◎) = 뒤허리선길이(pm) – 허리둘레/4

※ ◎ = pm − {W/4 − 0.5cm(앞뒤차) + 0.5cm(여유량)}

– 뒤허리다트 분량(◎)의 1/2 분량(◎/2)을 점(r)과 점(q)에 각각 표시 (r'r" = q'q" = ◎/2)

 다트 수정

• 엉덩이둘레와 허리둘레의 차이가 적어 허리다트 분량 (r'r" + q'q")가 2cm 이하로 작게 계산되는 경우에는, 허리다트 분량을 두 개로 나누지 않고 합친다.

• 뒤허리선(pm)의 이등분 위치에 1개의 허리다트를 제도 한다.

④ 다트선 표시

– 점(q'), 점(q")를 다트포인트(s)와 연결

– 점(r'), 점(r")를 다트포인트(t)와 연결

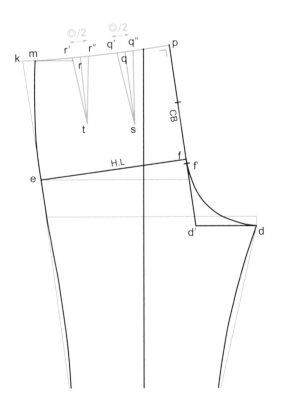

(4) 패턴의 완성

① 허리선 정리

- 다트 접기 : 앞판과 뒤판의 허리다트는 중심선 방향으로 접는다. 다트를 접은 상태에서 곡자를 사용하여 허리선을 각
진 부분 없는 부드러운 곡선으로 수정한다.
- 다트산 표시 : 다트를 접은 상태의 허리선을 룰렛으로 트레이싱하여 다트산을 표시한다.
- 앞과 뒤허리옆점을 맞추어 앞·뒤 팬츠 패턴을 배치한다. 앞과 뒤허리선이 각이 지지 않도록 곡자를 사용하여 허리옆
점 부위의 허리선을 수정한다.

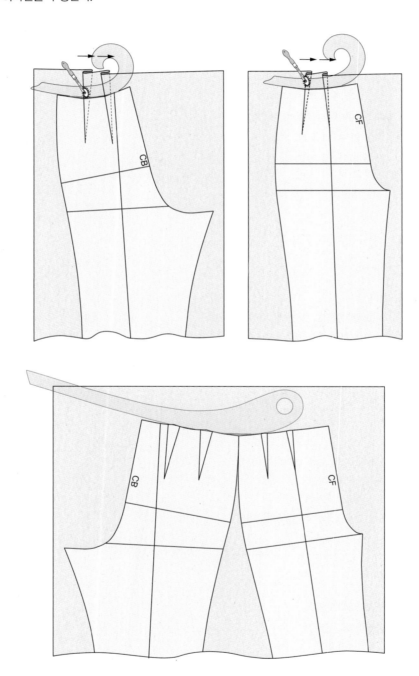

② 밑위곡선 정리 : 앞과 뒤 패턴의 샅끝점을 맞춘 후, 앞·뒤 밑위선이 자연스럽게 연결되도록 곡선을 정리한다.

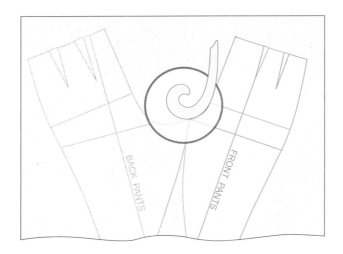

③ 인심라인 정리 : 기본형 팬츠는 뒤판 패턴의 인심라인 길이가 앞판 패턴의 인심라인 길이보다 짧게 제도된다. 앞·뒤 팬츠의 인심라인의 차이는 재단과정에서 뒤판 인심라인을 늘리면서 원단을 다려서 맞춘 후 봉제한다.

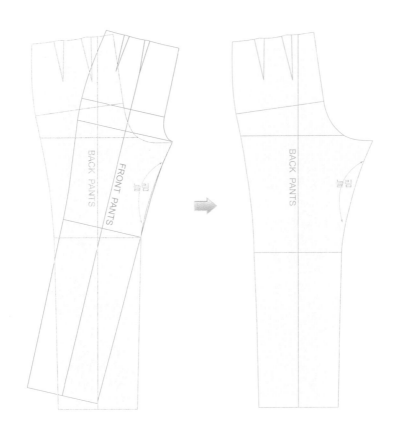

(5) 허리밴드 제도 및 시접 및 기호 표시

① 허리밴드 제도

- 길이 : $(a + b + c + d + e + f) \times 2 + 3cm$ = 팬츠 허리둘레 + 여밈단 분량(3cm)

※ 앞판 패턴 허리둘레(●) = a + b + c

※ 뒤판 패턴 허리둘레(▼) = d + e + f

- 너비 : 3~4cm

- 너치 표시 : 허리밴드의 허리앞점, 허리옆점, 허리뒤점에 너치 표시한다.

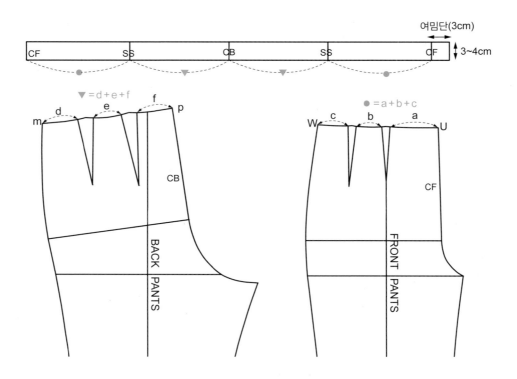

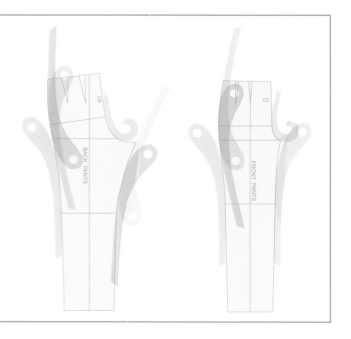

팬츠 제도 시 곡자 사용 방향

- 팬츠 밑위곡선은 프렌치커브자의 볼록한 부분을 사용
- 팬츠 인심라인은 힙커브자의 둥근 부분을 2번에 나누어 사용
- 팬츠 아웃심라인은 힙커브자의 둥근 부분을 3번에 나누어 사용

② 시접 표시

- 허리밴드, 허리둘레선 : 1cm
- 옆선, 앞·뒤중심선 : 1.5cm
- 밑단선 : 5cm

③ 식서 표시

- 팬츠 패턴은 바지주름선에 평행하게 식서 방향 표시
- 허리밴드 패턴은 가로 방향으로 식서 방향 표시

◎ 완성

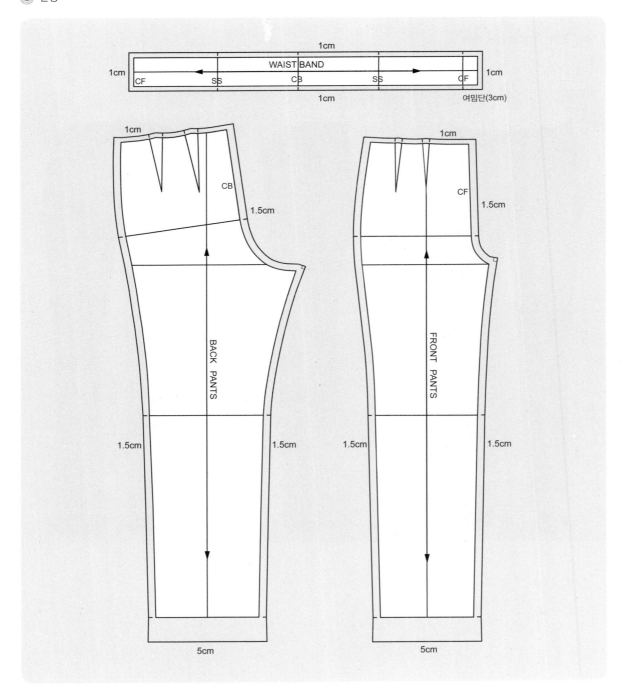

B. 팬츠 디자인 PANTS DESIGN

❶ 진 팬츠 JEAN PANTS

- 진 팬츠는 허리둘레선이 낮고 여유분이 적은 팬츠이다.
- 엉덩이와 허벅지의 실루엣이 드러나며, 바지통이 좁다.
- 허리다트가 없으며, 뒤판에 허리요크가 있다.

- **패턴 준비 : 기본형 팬츠 패턴**

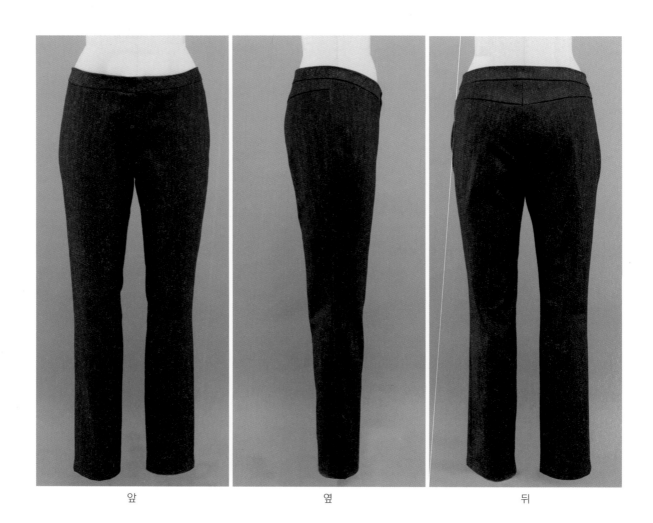

앞   옆   뒤

(1) 앞판 외곽선 제도

① 패턴 준비 : 제도지에 기본형 팬츠 앞판 패턴을 옮겨 그린다.

② 앞중심선(A'C)
- 점(A') : 기본형 팬츠 패턴의 허리앞점(A)에서 0.5cm 이동한 점(A') 표시 (AA' = 0.5cm)
- 직선(A'C) : 점(A')와 엉덩이앞점(C)를 직선으로 연결

③ 허리둘레선 내리기
- 점(a), (b) : 점(A')에서 4cm 내린 점(a)와 점(B)에서 2cm 내린 점(b) 표시 (A'a = 4cm, Bb = 2cm)
- 곡선(ab) : 점(a)와 점(b)를 완만한 곡선으로 연결

④ 허리밴드(a'b')
- 점(a'), (b') : 점(a)에서 3cm 내린 점(a')와 점(b)에서 3cm 내린 점(b') 표시 (aa' = bb' = 3cm)
- 곡선(a'b') : 허리밴드가 3cm 너비를 유지하도록 점(a')와 점(b')를 곡선으로 연결

⑤ 밑위곡선(Ce)
- 점(e) : 기본형 팬츠의 샅끝점(E)에서 1cm 올라간 점(e) 표시 (Ee = 1cm)
- 곡선(Ce) : 점(C)와 점(e)를 곡선으로 연결

⑥ 밑위둘레선(ef) : 점(e)를 지나며, 기본형 팬츠 밑위둘레선(EF)와 평행한 직선

⑦ 엉덩이옆점(d) : 점(D)에서 0.5cm 안쪽으로 들어간 점(d) 표시 (Dd = 0.5cm)

⑧ 무릎너비(gh) : 점(I)에서 좌·우로 9cm 떨어진 곳에 점(g)와 (h) 표시 (hI = Ig = 9cm)

⑨ 밑단너비(jk) : 점(L)에서 좌·우로 8cm 떨어진 곳에 점(j)와 (k) 표시 (kL = Lj = 8cm)

⑩ 인심라인(e~g~j)
- 직선(e~g~j) : 점(e), 점(g), 점(j)를 직선으로 연결
- 곡선(eg) : 직선(eg)를 완만한 곡선으로 수정
- ※ 곡선(eg)와 직선(gj)가 점(g)에서 자연스럽게 연결

⑪ 아웃심라인(b~d~h~k)
- 직선(f~h~k) : 점(f), 점(h), 점(k)를 직선으로 연결
- 곡선(b~d~h) : 점(b), 점(d), 점(h)를 완만한 곡선으로 연결
- ※ 곡선(b~d~h)와 직선(hk)가 점(h)에서 자연스럽게 연결

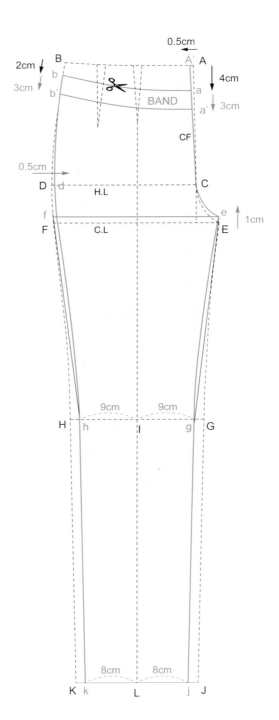

(2) 앞허리밴드 패턴

① 허리밴드 분리 : 허리밴드의 곡선(a'b')를 따라 패턴 절개

② 허리밴드 패턴 안의 다트를 접어서 삭제

③ 다트를 접은 후 각진 허리밴드 완성선을 완만한 곡선으로 정리

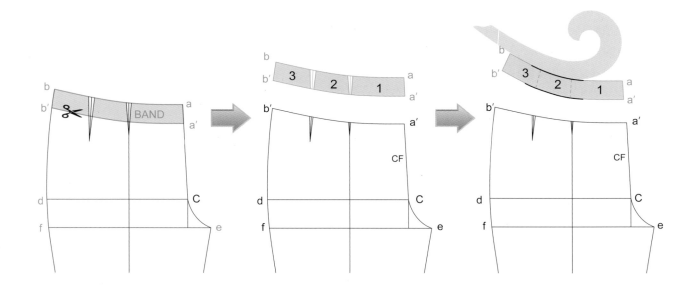

(3) 앞허리다트 삭제

① 허리다트 삭제

   – 앞중심선의 시작점(a')에서 허리다트 분량(mn)만큼 떨어진 곳에 점(o)를 표시하고, 허리다트(mn)은 삭제 (mn = oa')

   – 옆선의 시작점(b')에서 허리다트 분량(pq)만큼 떨어진 곳에 점(r)을 표시하고, 허리다트(pq)는 삭제 (pq = b'r)

② 엉덩이옆선(r∼d∼f) : 새로운 허리옆점(r)과 점(d), 점(f)를 완만한 곡선으로 연결

③ 앞중심선(oC) : 새로운 허리앞점(o)와 점(C)를 직선으로 연결

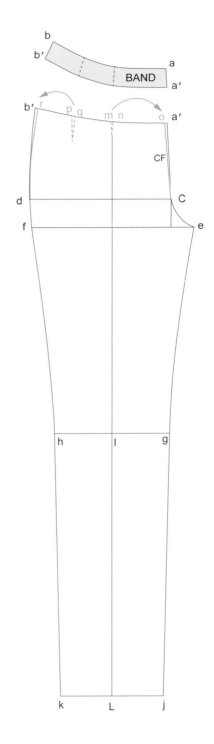

(4) 뒤판 외곽선 제도

① 패턴 준비 : 제도지에 기본형 팬츠 뒤판 패턴을 옮겨 그린다.

② 살끝점(o') : 기본형 팬츠 뒤판의 점(O)에서 수직으로 1cm, 수평으로 2.5cm 떨어진 점(o') 표시

③ 점(n) : 직선(AR)의 이등분점(N)에서 왼쪽으로 3cm 이동한 점(n) 표시 (AN = NR, Nn = 3cm)

④ 직선(nP) : 점(P)와 점(n)을 직선으로 연결

⑤ 점(p) : 살끝점(o')에서 그린 수평선과 직선(nP)가 만나는 점(p) 표시

⑥ 뒤엉덩이둘레선(s'q)

- 연장선(C'C) : 엉덩이둘레선(CS)를 수평으로 연장한 보조선

- 직선(s'q) : 길이가 엉덩이둘레/4 + 0.5~1cm인 직선(s'q)를, 직선(np)와 90°를 이루면서, 수평선(C'C)와 만나도록 제도

   ※ 뒤엉덩이둘레선(s'q) = H/4 + 0.5~1cm

⑦ 밑위곡선(qo') : 점(q)와 점(o')를 곡선으로 연결

⑧ 밑위선(C.L, Crotch Line) : 기본형 팬츠 뒤판의 밑위선에서 1cm 수직으로 올라간 곳에 새로운 밑위선(C.L) 표시

⑨ 무릎너비(g'h') : 점(I)에서 좌·우로 10cm 떨어진 점(g'), (h') 표시 (h'I = Ig' = 10cm)

⑩ 밑단너비(j'k') : 점(L)에서 좌·우로 9cm 떨어진 점(j'), (k') 표시 (j'L= Lk' = 9cm)

⑪ 점(t) : 점(h')와 점(s)를 연결한 직선(h's)를 위쪽으로 연장한 보조선과, 기본형 팬츠 뒤판의 점(T)에서 왼쪽으로 연장한 수평선이 서로 만나는 점(t) 표시

⑫ 점(t') : 점(t)에서 2.5cm 떨어진 곳에 뒤허리옆점(t') 표시 (tt' = 2.5cm)

⑬ 직선(t'r)

- 보조선(nn') : 직선(np)를 위쪽으로 연장

- 뒤허리둘레선(t'r) : 점(t')에서 직선(nn')과 직각으로 만나는 직선(t'r) 표시 (t'r⊥nn')

⑭ 인심라인(o'~g'~j')

- 직선(o'g') : 점(o'), 점(g')를 직선으로 연결

- 곡선(o'g') : 직선(o'g')를 완만한 곡선으로 수정

   ※ 곡선(o'g')와 직선(g'j')가 점(g')에서 자연스럽게 연결

⑮ 아웃심라인(t'~s'~h'~k')

- 직선(s'h') : 점(s'), 점(h')를 직선으로 연결

- 곡선(t'~s'~h') : 점(t'), 점(s'), 점(h')를 완만한 곡선으로 연결

   ※ 곡선(t'~s'~h')와 직선(h'k')가 점(h')에서 자연스럽게 연결

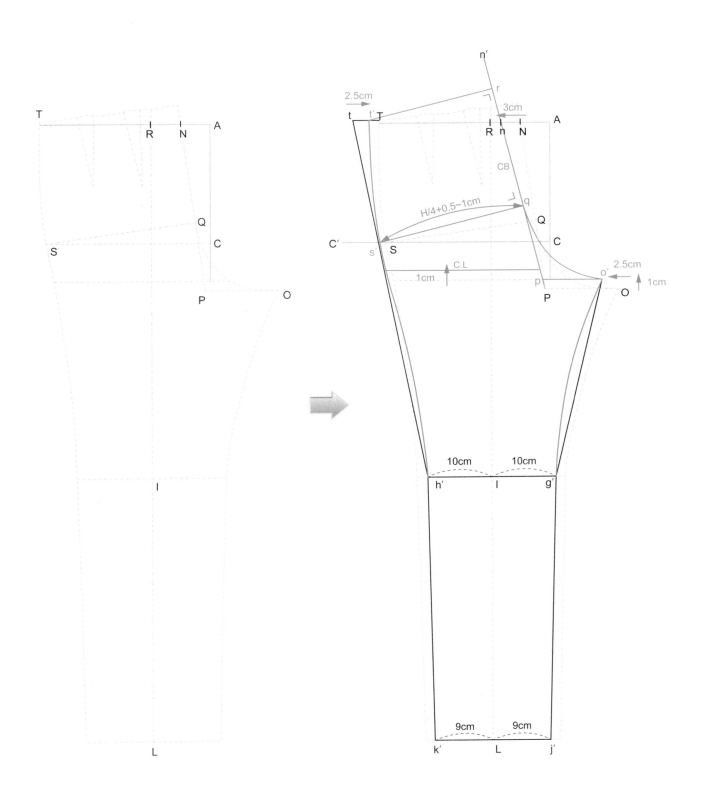

(5) 뒤허리다트 제도

① 다트 중심점(u) : 뒤판 허리둘레선(t'r)을 이등분하는 점(u) 표시 (t'u = ur)

② 다트 중심선(uu')

     – 점(u') : 점(u)에서 직선(t'r)과 수직을 이루며 14cm 떨어진 곳에 점(u') 표시 (uu' = 14cm, uu'⊥t'r)

     – 직선(uu') : 점(u)와 점(u')를 직선(uu')로 연결

③ 뒤허리다트 분량(vw)

     – 뒤허리다트 분량(vw) = 직선(t'r) – 허리둘레/4

     ※ vw = t'r – {W/4 – 0.5cm(앞뒤차) + 0.5cm(여유량)}

     – 점(u)에서 다트 분량의 1/2만큼 좌·우로 이동한 점(v), 점(w) 표시 (uv = uw)

④ 다트선 표시 : 점(v), 점(w)를 다트포인트(u')와 연결

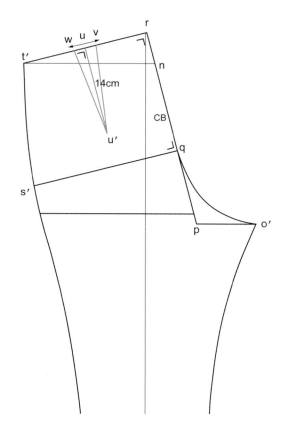

(6) 뒤허리밴드와 요크 제도

① 허리선 내리기
  - 점(x) : 허리뒤점(r)에서 2.5cm 내린 점(x) 표시 (rx = 2.5cm)
  - 점(x') : 허리옆점(t')에서 2cm 내린 점(x') 표시 (t'x' = 2cm)
  - 허리선(xx') : 점(x)에서 90° 각도로 직선을 유지하다가 점(x')를 향해 완만한 곡선으로 연결 (xx'⊥rq)

② 허리밴드선
  - 점(y) : 점(x)에서 3cm 내린 점(y) 표시 (xy = 3cm)
  - 점(y') : 점(x')에서 3cm 내린 점(y') 표시 (x'y' = 3cm)
  - 허리밴드(yy') : 점(y)에서 90° 각도로 직선을 유지하다가 점(y')를 향해 완만한 곡선으로 연결 (yy'⊥rq)

③ 요크선
  - 점(z) : 점(y)에서 6cm 내린 점(z) 표시 (yz = 6cm)
  - 점(z') : 점(y')에서 3cm 내린 점(z') 표시 (y'z' = 3cm)
  - 요크선(zz') : 점(z)와 점(z')를 직선으로 연결

④ 허리밴드와 요크 분리 : 진 팬츠의 뒤판 패턴에서 허리선(xx'), 허리밴드선(yy'), 요크선(zz')를 절개

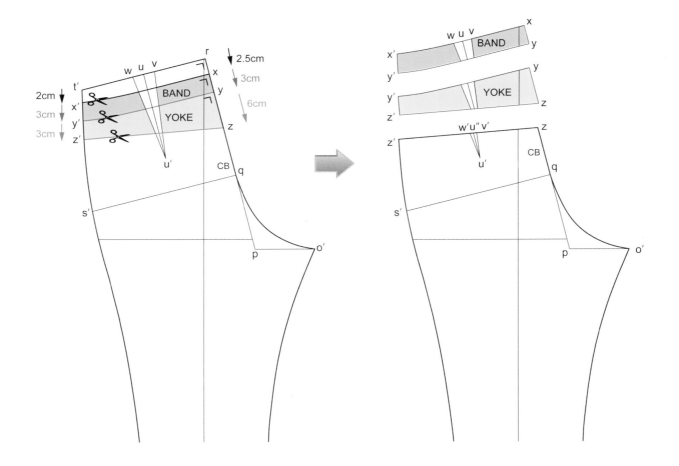

(7) 뒤허리밴드와 요크의 다트 삭제

① 허리밴드 다트
- 허리밴드의 다트선을 접어서 삭제
- 다트를 접으면서 각진 허리밴드선을 매끄러운 곡선으로 정리

② 요크 다트
- 요크의 다트선을 접어서 삭제
- 다트를 접으면서 각진 요크선을 매끄러운 곡선으로 정리

(8) 뒤허리다트 이동

① 허리다트 분량 이동 : 뒤허리다트 분량 중 (u″v)는 뒤중심선으로 이동하고, (w′u″)는 옆선으로 이동
- 점(α) : 뒤중심선의 점(z)에서 허리다트의 1/2 분량 (u″v′)만큼 떨어진 곳에 점(α)를 표시 (u″v′ = αz)
- 점(β) : 옆선의 점(z′)에서 허리다트의 1/2 분량(u″w′)만큼 떨어진 곳에 점(β)를 표시(u″w′ = βz′)
- 뒤허리다트(w′v)는 삭제
② 옆선(βs′) : 새로운 허리옆점(β)과 점(s′)를 완만한 곡선으로 연결
③ 뒤중심선(αq) : 새로운 허리앞점(α)와 점(q)를 직선으로 연결

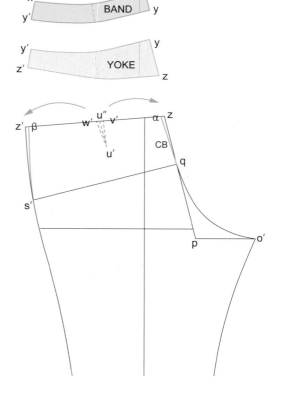

(9) 패턴 완성

① 앞 판
- 앞판 몸판 : 오른쪽 패턴은 몸판과 여밈단을 연결하여
  1장 재단하고, 왼쪽 패턴은 몸판과 여밈단을 분리하여
  1장씩 재단
- 앞판 허리밴드 : 왼쪽 허리밴드는 여밈단을 추가하여
  2장 재단하고, 오른쪽 허리밴드는 여밈단 없이 2장 재단
  (겉밴드 1장, 안밴드 1장씩)

② 뒤 판
- 뒤판 몸판을 좌·우 대칭으로 각각 1장씩 재단

- 뒤판 요크를 좌·우 대칭으로 각각 1장씩 재단
- 뒤판 허리밴드 : 허리밴드의 뒤중심선을 골선으로 하
  여 2장 재단 (겉밴드 1장, 안밴드 1장)

③ 시접 표시
- 옆선 : 1.5cm
- 밑단 : 3cm
- 앞중심선, 뒤중심선 : 1.5cm
- 허리둘레선, 허리밴드, 여밈단, 요크선 : 1cm

◉ 완성

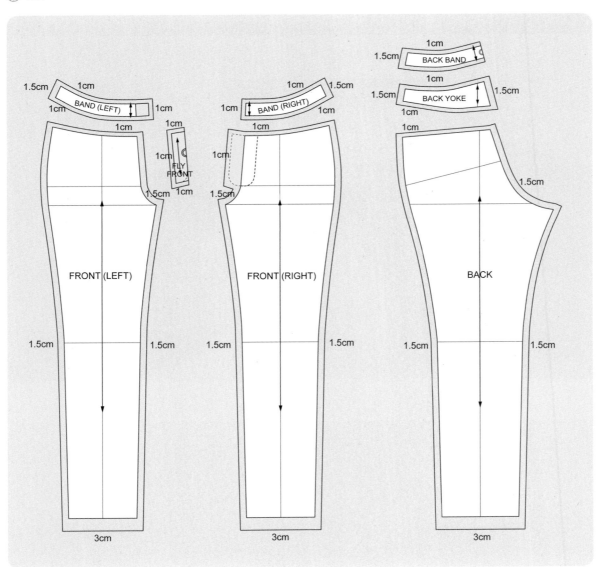

❷ 와이드 팬츠 Wide Pants

- 바지통 너비가 엉덩이선에서 밑단까지 점차 넓어지는 실루엣이다.
- 바지통 너비를 늘리기 위해 밑단에 플레어 분량을 준 루즈핏 팬츠이다.
- 밑단의 플레어 분량은 디자인에 따라 조절한다.
- 바지통이 넓어지면 다리가 짧아 보일 수 있기 때문에, 바지 길이를 디자인에 따라 길게 조절한다.
- 허리밴드 대신 허리안단을 부착한 스타일이다.

- **준비 패턴 : 기본형 팬츠 패턴**

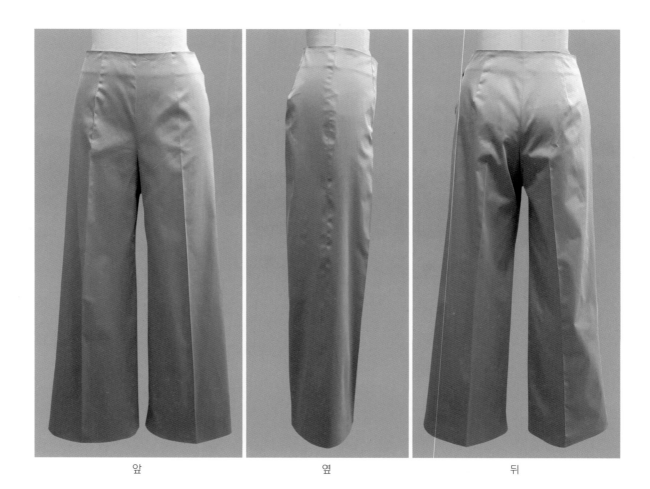

앞   옆   뒤

(1) 앞판 기초선 제도

① 제도지에 기본형 팬츠 앞판을 옮겨 그린다.

② 앞허리다트 수정
- 옆선쪽 허리다트(HG)를 삭제하고, 삭제 분량을 중심쪽 허리다트로 이동한다. (FF' = EE' = HG/2, F'E' = FE + HG)
- 점(D) : 점(I)에서 그린 수평선과 점(C)에서 내려간 수직선이 만나는 점(D) 표시
- 점(E')와 점(F')를 다트포인트(D)와 직선으로 연결

③ 밑위선과 인심라인 수정
- 점(J') : 점(J)에서 수직으로 1.5cm 내려가 점(J') 표시 (JJ' = 1.5cm)
- 엉덩이둘레선에서 점(J')까지 밑위곡선을 완만하게 수정
- 점(J')부터 점(K)까지 완만한 곡선으로 수정

④ 주름선 절개
- 바지주름선(DM) : 다트포인트(D)에서 바지밑단선까지 수직으로 내려 직선(DM) 표시
- 직선(DM)을 바지밑단점(M)에서 다트포인트(D)를 향해 절개

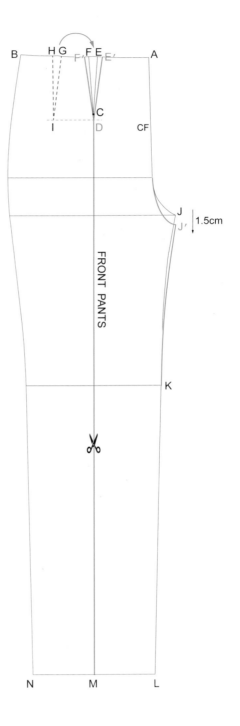

(2) 앞판 바지통

① 플레어 벌림 : 다트포인트(D)를 고정한 상태에서, 절개선(DM)의 점(M)과 점(M') 사이를 10cm 벌린다. (MM' = 10cm)

   ※ 다트포인트를 고정하고 밑단을 벌리면, 허리다트 분량 (E'F')가 줄어든다.

   ※ 플레어 분량(10cm)은 디자인에 따라 자유롭게 조절한다.

② 바지길이 수정

   – 바지밑단선의 점(L)과 점(N)에서 3cm 내려가 점(L')와 점(N') 표시 (LL' = NN' = 3cm)

   – 점(L')와 점(N')를 곡선으로 연결

   – 인심라인(J'∼L') : 점(J')와 점(L')를 직선으로 연결

   – 직선(N'N") : 점(N')에서 엉덩이옆선에 접하는 직선 (N'N")를 그린다.

   – 아웃심라인(N'∼B) : 점(B)에서 엉덩이옆선을 지나 직선(N'N")까지 연결한다.

③ 허리다트선 정리 : 허리다트(E'∼D∼F')를 앞중심선 방향으로 접은 상태에서 곡자를 사용하여 각진 부분 없는 부드러운 곡선으로 허리선을 정리한다.

④ 다트산 표시 : 다트를 접은 상태에서 허리선을 룰렛으로 트레이싱하여 다트산을 표시한다.

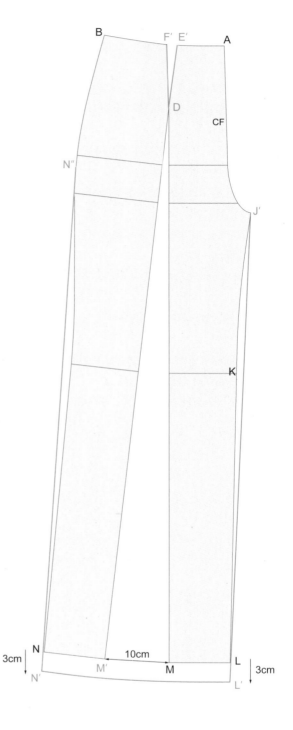

(3) 앞판 허리안단

① 허리안단선(A'~B') 제도

- 점(A') : 점(A)에서 5cm 내려가 점(A') 표시 (AA' = 5cm)
- 점(B') : 점(B)에서 5cm 내려가 점(B') 표시 (BB' = 5cm)
- 허리안단선(A'~B') : 점(A')와 점(B')를 완만한 곡선으로 연결
- 새로운 종이에 허리안단(패턴①과 패턴ⓘ)을 옮겨 그린다.

② 다트 닫기

- 패턴(①)과 패턴(ⓘ) 사이의 다트선(F')와 (E')를 붙여서 다트를 닫는다.
- 허리선과 안단 밑단선의 연결 부위를 부드러운 곡선으로 정리한다.

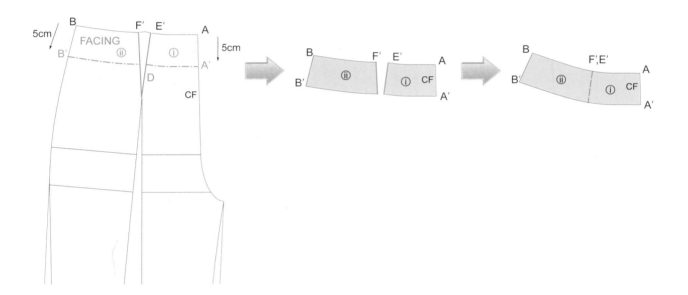

(4) 뒤판 기초선 제도

① 제도지에 기본형 팬츠 뒤판을 옮겨 그린다.

② 뒤허리다트 수정

- 점(O) : 점(Q)와 점(P)의 이등분점(O) 표시
  (OP = QP/2)

- 직선(OV) : 점(O)에서 허리선(QP)와 수직을 이루
  고 뒤중심쪽 다트와 같은 길이인 직선(OV) 표시

- 점(S) : 점(O)의 오른쪽에 뒤중심쪽 허리다트 분
  량(★)만큼 떨어진 점(S) 표시 (OS = ★)

- 점(T) : 점(O)의 왼쪽에 옆선쪽 허리다트 분량(★)
  만큼 떨어진 점(T) 표시 (OT = ★)

- 다트(S∼V∼T) : 점(T)와 점(S)를 다트포인트(V)와
  직선으로 연결

③ 밑위선과 인심라인 수정

- 점(R') : 점(R)에서 수직으로 1.5cm 내려서 점(R')
  표시 (RR' = 1.5cm)

- 엉덩이둘레선부터 점(R')까지 밑위곡선을 완만하
  게 수정

- 곡선(R'W) : 점(R')와 점(W)를 완만한 곡선으로 수정

④ 주름선 절개

- 직선(VY) : 다트포인트(V)와 바지밑단의 이등분
  점(Y)를 직선으로 연결

- 절개 : 직선(VY)를 바지밑단점(Y)에서 다트포인
  트(V)를 향해 절개

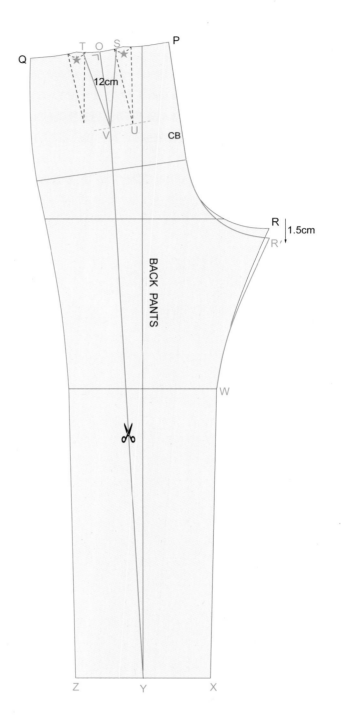

(5) 뒤판 바지통

① 플레어 벌림 : 다트포인트(V)를 고정한 상태에서,
   절개선(VY)의 점(Y)과 점(Y') 사이를 10cm 벌린다.
   (YY' = 10cm)

   ※ 다트포인트(V)를 고정하고 밑단을 벌리면, 허리다트
      분량(ST)가 줄어든다.

   ※ 플레어 분량(10cm)은 디자인에 따라 자유롭게 조절
      한다.

② 바지길이 수정

   – 바지밑단선의 점(X)와 점(Z)에서 3cm 내려가 점
     (X')와 점(Z') 표시 (XX' = ZZ' = 3cm)

   – 점(X')와 점(Z')를 곡선으로 연결

   – 인심라인(R'~W'~X') : 점(R')와 점(X')를 완만한
     곡선으로 연결 (WW' = W'W")

   – 직선(Z'Z") : 점(Z')에서 엉덩이옆선에 접하는 직
     선(Z'Z")를 그린다.

   – 아웃심라인(Z'~Q') : 점(Q)에서 엉덩이옆선을 지
     나 직선(Z'Z")까지 연결한다.

③ 허리다트선 정리 : 허리다트(S~V~T)를 뒤중심선
   방향으로 접은 상태에서 곡자를 사용하여 각진 부
   분 없는 부드러운 곡선으로 허리선을 정리한다.

④ 다트산 표시 : 다트를 접은 상태에서 허리선을 룰렛
   으로 트레이싱하여 다트산을 표시한다.

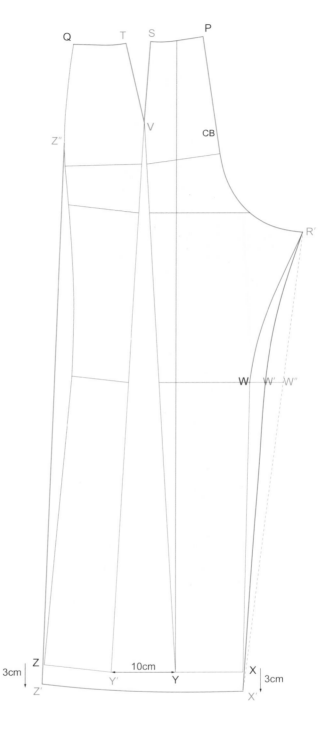

(6) 뒤판 허리안단

① 허리안단선(P'~Q') 제도

- 점(P') : 점(P)에서 5cm 내려가 점(P') 표시 (PP' = 5cm)
- 점(Q') : 점(Q)에서 5cm 내려가 점(Q') 표시 (QQ' = 5cm)
- 허리안단선(P'~Q') : 점(P')와 점(Q')를 완만한 곡선으로 연결
- 새로운 종이에 허리안단(패턴ⅲ과 패턴ⅳ)을 옮겨 그린다.

② 다트 닫기

- 패턴(ⅲ)과 패턴(ⅳ) 사이의 다트선(S)와 (T)를 붙여서 다트를 닫는다.
- 허리선과 안단 밑단선의 연결 부위를 부드러운 곡선으로 정리한다.

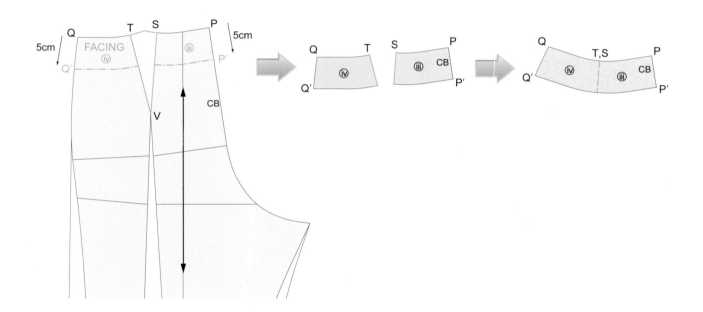

(7) 패턴 완성

① 재단 방향

- 몸판 패턴 : 기본형 팬츠 패턴의 바지주름선과 평행하게 식서 표시

- 안단 패턴 : 중심선과 수평 방향으로 식서 표시

※ 옆선에 지퍼를 연결하는 경우, 허리안단의 앞중심선과 뒤중심선을 골선으로 재단

② 시접 표시

- 허리선 : 1cm

- 옆선, 밑위선 : 1.5cm

- 바지밑단선 : 5cm

◎ 완성

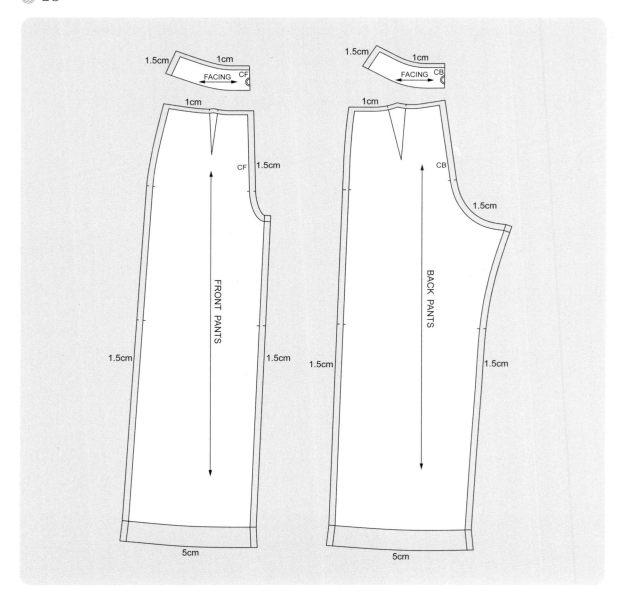

PART 2

의류 제작 방법

CLOTHING
CONSTRUCTION
TECHNIQUE

1. 기본 바느질 방법

- 어떤 바느질 방법을 사용하였는가에 따라서 옷의 내구성이나 형태의 안정성 등이 달라질 수 있으므로 옷의 형태나 위치에 따라 적합한 바느질 방법을 사용한다.
- 바느질 방법은 스티치의 형태나 솔기 처리 방법 등에 따라 분류할 수 있고, 재봉틀을 사용하거나 손바느질을 사용할 수 있다.

❶ 재봉틀 바느질

(1) 소재에 따른 실과 바늘의 선택
재봉틀을 이용한 바느질에서는 소재의 두께에 적합한 실과 바늘을 사용해야 봉제 도중 실이 끊어지지 않으며, 바느질 선이 오그라드는 퍼커링(Puckering) 현상이 없는 매끄러운 봉제선이 만들어진다.

① 재봉바늘은 번수가 작을수록 가늘고, 번수가 커질수록 굵다. (손바느질용 바늘과 반대)
② 얇은 소재에는 작은 번수의 바늘, 두꺼운 소재에는 큰 번수의 바늘을 사용한다.
③ 재봉사는 번수가 작을수록 굵고, 번수가 커질수록 가늘다.
④ 얇은 소재에는 높은 번수의 재봉사를 사용한다.

옷감 두께	옷감의 종류	재봉 바늘(번수)	재봉사(번수)
얇은 소재	오간자, 보일, 크레이프, 시폰	9	– 면사 : 80 – 폴리에스테르사 : 90
중간 두께 소재	머슬린, 포플린, 개버딘, 새틴	11	– 면사 : 60 – 폴리에스테르사 : 50~60
두꺼운 소재	개버딘, 코듀로이, 데님, 트위드, 헤링본, 홈스펀, 스웨이드	14, 16	– 면사 : 40~50 – 폴리에스테르사 : 40~50

(2) 실의 장력 조정

- 튼튼하고 고른 바느질 선은 윗실과 밑실의 장력이 서로 조화를 이루어서 만들어진다.
- 윗실과 밑실 장력의 밸런스를 맞출 때는 윗실 장력을 조정하는 방법을 주로 사용한다.
- 윗실 조정으로 장력을 맞추는 것이 불가능하다고 판단되는 경우에만 밑실의 장력을 조정하도록 한다.

 윗실 장력

재봉틀의 윗실 장력 조절 레버를 오른쪽 방향으로 돌리면 윗실의 장력이 증가되고, 왼쪽 방향으로 돌리면 윗실의 장력이 감소된다.

 밑실 장력

북집 나사를 오른쪽 방향으로 돌리면 밑실의 장력이 증가하고, 왼쪽으로 돌리면 밑실의 장력이 감소된다.

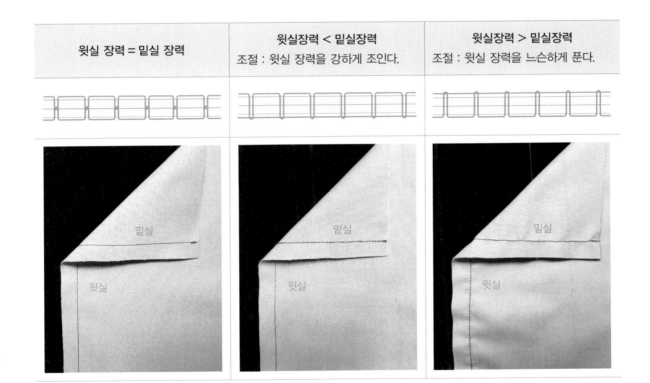

윗실 장력 = 밑실 장력	윗실장력 < 밑실장력 조절 : 윗실 장력을 강하게 조인다.	윗실장력 > 밑실장력 조절 : 윗실 장력을 느슨하게 푼다.

❷ 솔기 처리 방법

(1) 가름솔(Plain Seam)

- 옷감을 바느질하는 가장 기본적인 솔기 처리 방법으로 바느질선이 매끄럽고 부피감이 없다.
- 옷감의 겉면끼리 마주보게 하여 완성선을 박은 후, 안쪽의 시접을 양쪽으로 갈라서 다림질한다.
- 시접의 올이 풀리지 않도록 하기 위하여 양쪽 시접의 끝을 각각 오버로크(Overlock) 스티치를 하거나 얇게 접어 박기 또는 바이어스 테이프로 싸서 박는다.

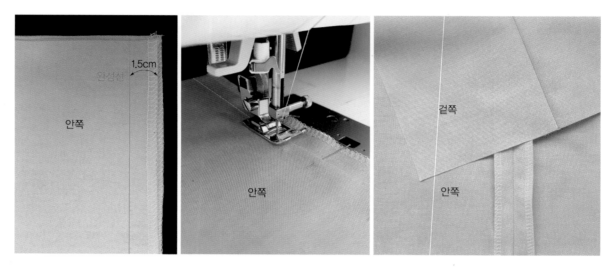

① 재단한 끝을 오버로크 스티치로 처리하여 정리한다.
② 옷감의 겉면을 서로 마주보게 놓고, 옷감의 안쪽 면에서 완성선을 따라 봉제한다.
③ 봉제 후, 시접을 양쪽으로 갈라서 다린다.

(2) 통솔(French Seam)

- 재단한 옷감 끝이 안 보이게 양쪽 시접을 안에서 먼저 박고, 밖으로 뒤집어 한 번 더 박는 방법이다.
- 옷이 완성된 후 바느질선이 다소 두꺼워질 수 있으나 시접이 깨끗하게 마무리된다.
- 얇은 옷감에 적합하며, 안감을 별도로 사용하지 않아 시접이 드러날 수 있는 경우에 주로 사용한다.
- 시접은 드러나지 않고 모두 감싸지므로, 시접에 오버로크 처리는 하지 않는다.

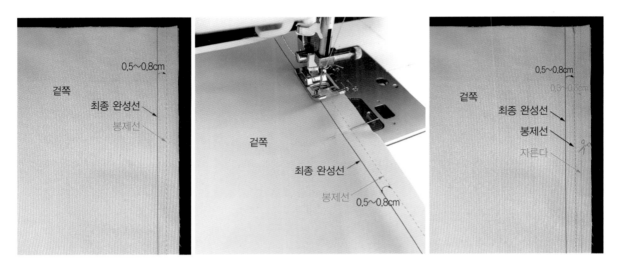

① 옷감의 안쪽 면을 마주보게 놓고, 최종 완성선에서 시접 쪽으로 0.5~0.8cm 떨어진 봉제선 위치를 박는다.
② 봉제선에서 바깥쪽으로 0.3~0.5cm 정도의 시접만 남기고 시접을 짧게 잘라 낸다.

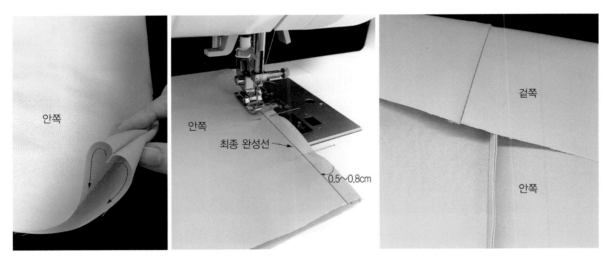

③ 자르고 남은 시접 분량이 감싸지도록 옷감을 겉면끼리 마주 보도록 뒤집는다.
④ 마주 놓인 옷감 안쪽 면에서 최종 완성선을 따라 박는다.
⑤ 봉제 완성 후 모양 : 겉면에서 보면 일반적인 바느질선이 보이고, 안쪽 면에서 보면 통으로 감싸진 시접 부분이 보인다.

(3) 쌈솔(Flat-felled Seam)

- 통솔처럼 안에서 보았을 때 시접이 깔끔하게 정리되는 방법으로 솔기의 내구성이 높다.
- 시접을 한쪽 방향으로 뉘어서 납작하게 박은 것으로 추가된 바느질선이 겉으로 드러난다.

① 옷감의 안쪽 면끼리 마주 보게 놓은 후 핀으로 고정한다.
② 겉면에서 완성선을 따라 박는다.
③ 봉제 후, 완성선에서 0.3~0.5cm만 남기고 한쪽 시접을 잘라낸다.

④ 겉면에서 잘라내고 남은 시접을 자르지 않은 넓은 시접으로 감싼 후 핀으로 고정한다.
⑤ 감싼 시접선의 끝에서 0.2~0.3cm 떨어진 곳을 겉쪽에서 눌러 박는다.
⑥ 봉제 완성 후 겉면에는 두 줄의 박음선, 안쪽 면에는 한 줄의 박음선이 보인다.

❸ 손바느질 방법

대부분의 바느질은 재봉틀로 이루어지나 완성선의 표시, 가봉 그리고 밑단 정리 등은 손바느질을 사용한다.

(1) 일반 시침

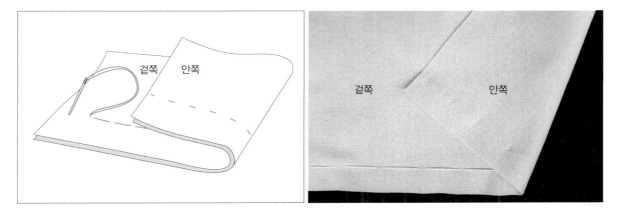

① 옷감이 매끄럽거나 완성선이 곡선인 경우에는 바로 재봉틀로 박기 어려우므로 임시로 옷감의 위치를 시침하여 안정시킨다.
② 시침질의 땀 길이는 2~2.5cm, 바느질 간격은 0.2~0.5cm 정도로 한다.

(2) 가봉 시침

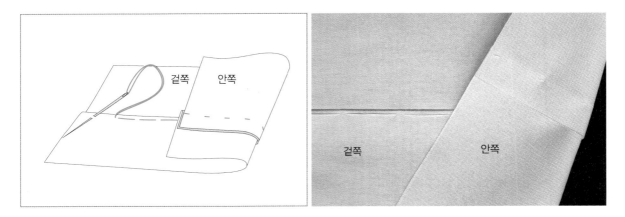

① 가봉봉제에 사용하는 바느질법으로, 착의 상태에서 봉제선을 수정하기 편하다.
② 한쪽 옷감의 시접을 완성선대로 접어서, 다른 쪽 옷감의 완성선 위에 올려놓고 시침한다.

(3) 공그르기

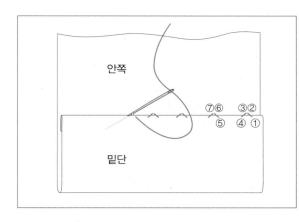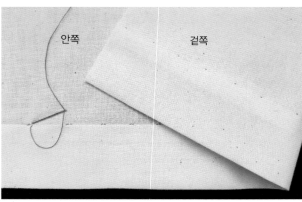

① 단 처리에 주로 사용하는 바느질 방법이다.
② 겉에서 바느질 흔적이 보이지 않도록 옷감을 한 올만 뜨고, 접어 놓은 밑단의 시접 속으로 바늘을 1~1.5cm 지나게 한 후, 다시 옷감을 한 올만 떠 주어 바느질한다.

(4) 감침질

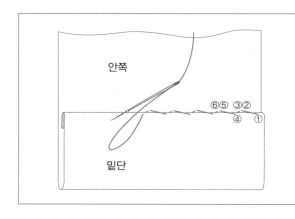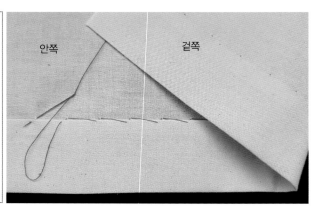

① 안감을 겉감에 고정시킬 때나 단 처리할 때 주로 사용한다.
② 겉에서 바느질 흔적이 보이지 않도록 옷감을 한 올만 뜨고, 1~1.5cm 지나서 다시 옷감을 한 올만 떠서 바느질한다.
③ 안쪽에서는 땀이 사선으로 나타나고 겉쪽에서는 바늘땀이 거의 보이지 않게 한다.

(5) 새발뜨기

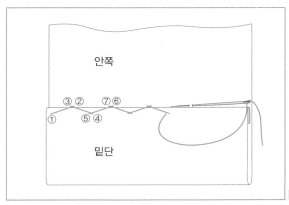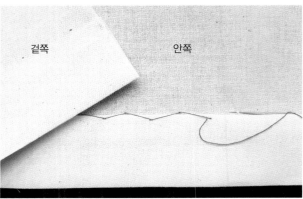

① 단 처리 또는 안단을 고정시킬 때 사용한다.

② 감침질이나 공그르기와는 반대로 왼쪽에서 시작하여 오른쪽 방향으로 바느질한다.

③ 밑단에서 시작하여, 옷감을 시작 방향으로 한두 올 뜨고, 다시 밑단을 시작 방향으로 0.2cm 뜬 후 겉감을 다시 뜬다.

④ 겉면에서 땀이 거의 보이지 않게 바느질한다.

2. 셔츠 만들기

- 앞판에 옆다트가 있는 세미 피티드 실루엣의 여성 셔츠이다.
- 앞·뒤 어깨선을 연결한 요크가 있다.
- 칼라깃과 칼라 스탠드로 구성된 셔츠칼라이다.
- 셔츠 밑단은 양 옆을 곡선으로 굴린 형태이다.
- 커프스가 있으며, 소매밑단에 트임과 2개의 주름이 있다.

- **준비 패턴 : 토르소형 바디스 패턴, 기본형 슬리브 패턴(루즈핏)**

❶ 셔츠 패턴 제도

(1) 뒤판 패턴

① 패턴 준비 : 토르소형 바디스 뒤판 준비

② 뒷목둘레선(AB')

- 목옆점(B') : 점(B)에서 어깨선을 따라 0.5cm 떨어진 곳에 점(B') 표시 (BB' = 0.5cm)
- 뒷목둘레선(AB') : 점(A)와 점(B')를 곡선으로 연결
- 칼라 제도를 위해 수정된 뒷목둘레선(AB')의 길이를 측정하여 기록 (AB' = ★)

③ 뒤중심선(AD'')

- 점(H'), (D') : 토르소의 허리뒤점(H)에서 1.5cm 이동한 점(H')와 엉덩이뒤점(D)에서 1cm 이동한 점(D')를 표시
- 직선(AH'D') : 목뒤점(A), 점(H'), 점(D')를 직선으로 연결
- 점(D'') : 엉덩이뒤점(D)에서 3cm 내려간 점(D'') 표시 (DD'' = 3cm)
- 직선(AD'') : 뒤중심선(AH'D')를 점(D'')까지 연장

④ 밑단곡선(D''E')

- 점(E') : 토르소형 바디스 패턴의 엉덩이옆점(E)에서 1.5cm 올린 점(E') 표시 (EE' = 1.5cm)
- 곡선(D''E') : 셔츠의 끝점(D'')와 점(E')를 완만한 곡선으로 연결

⑤ 진동둘레선(CF')

- 점(F') : 점(F)에서 1cm 내려간 점(F') 표시 (FF' = 1cm)
- 곡선(CF') : 어깨가쪽점(C)와 점(F')를 곡선으로 연결
- 뒤진동너치(B.N) : 겨드랑점(F')에서 8cm 떨어진 곳에 너치 표시 (F'~B.N = 8cm)
- 요크선(GG') : 뒤어깨 다트포인트를 지나는 수평선(GG') 제도

⑥ 옆선 : 허리선이 각지지 않게 완만한 곡선으로 옆선 수정

※ 뒤허리다트는 삭제하고, 다트 분량은 허리둘레 여유량으로 사용한다.

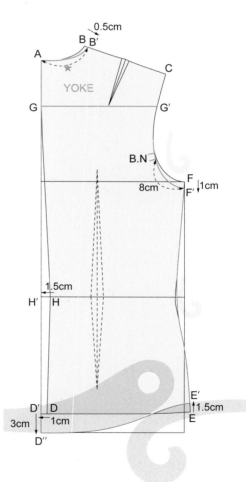

(2) 앞판 패턴

① 패턴 준비 : 토르소형 바디스 앞판 준비

② 앞목둘레선(I'~J')

- 목옆점(J') : 점(J)에서 0.5cm 이동한 점(J') 표시 (JJ' = 0.5cm)

- 목앞점(I') : 점(I)에서 1cm 내려 점(I') 표시 (II' = 1cm)

- 앞목둘레선(I'J') : 목옆점(J')와 목앞점(I')를 곡선으로 연결

- 칼라 제도를 위해 수정한 앞목둘레선의 길이를 측정하여 기록 (I'J' = ◈)

※ 칼라 제도를 위해 앞목둘레를 측정할 때는 여밈단 부분(I'L)은 제외하고 목앞점(I')에서 목옆점(J')까지의 목둘레만 측정한다.

③ 앞중심선(I'M')

- 점(M') : 점(M)에서 3cm 내려간 점(M') 표시 (MM' = 3cm)

- 점(I')와 점(M')를 직선으로 연결

④ 밑단곡선(M'~P')

- 점(P') : 점(P)에서 1.5cm 올라간 점(P') 표시 (PP' = 1.5cm)

- 점(M')와 점(P')를 곡선으로 연결

⑤ 앞여밈단(N'N) : 앞중심선(I'M')를 중심으로 2.5cm 너비의 여밈
단을 만든다.

※ 앞목점(I')를 중심으로 2.5cm 간격의 점(L')와 점(L) 표시
(LL' = 2.5cm, L'I' = I'L)

※ 앞중심점(M')를 중심으로 2.5cm 간격의 점(N')와 점(N) 표시
(N'N = 2.5cm, N'M' = M'N)

⑥ 단추위치 표시

- 첫 번째 단추 위치 : 목앞점(I')에서 4cm 내려온 지점

- 두 번째 단추 위치 : 첫 번째 단추에서 8cm 내려온 지점

※ 두 번째 단추부터 마지막 단추까지 단추 간격은 8cm

⑦ 진동둘레선(O'K)

- 점(O') : 점(O)에서 1cm 내려간 점(O') 표시 (OO' = 1cm)

- 곡선(O'K) : 어깨가쪽점(K)와 점(O')를 곡선으로 연결

- 앞진동너치(F.N) : 겨드랑점(O')에서 7.5cm 떨어진 곳에 너
치 표시 (O'~F.N = 7.5cm)

⑧ 앞요크선(J"K') : 앞어깨선(J'K)에서 2cm 평행한 직선(J"K') 제
도 (J'J" = KK' = 2cm)

⑨ 옆선 : 허리선이 각지지 않게 완만한 곡선으로 옆선 수정

※ 앞허리다트는 삭제하고, 다트 분량은 허리둘레 여유량으로 사용
한다.

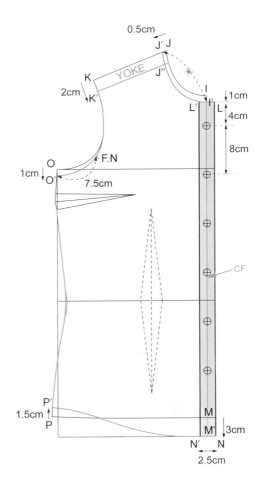

(3) 요크 패턴

① 몸판과 요크 분리 : 앞판과 뒤판의 요크선(J"K', GG') 절개

   ※ 요크를 분리하고 남은 패턴 조각을 셔츠의 앞판과 뒤판 몸판으로 사용

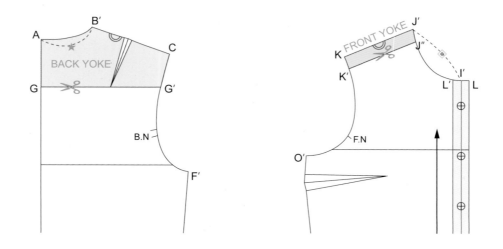

② 다트 정리

   – 뒤어깨 다트 접기 : 뒤판 요크의 어깨다트를 접는다.

   – 뒤요크선 정리 : 요크선(GG')의 각진 부위를 곡자로 매끄럽게 정리

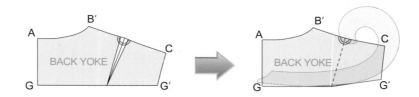

③ 요크 연결

   – 앞·뒤 요크 연결 : 앞요크의 어깨선(J'K)와 뒤요크의 어깨선(B'C)를 서로 맞춤

   ※ 요크 연결 시, 앞어깨선과 뒤어깨선 사이에 생기는 공간은 여유분으로 사용

   – 곡선 정리 : 요크 연결 후 진동둘레선의 각진 부위(C,K)를 곡자로 매끄럽게 정리

   – 너치 : 목옆점(B',J')와 어깨가쪽점(C,K)에 너치 표시

   – 골선 : 뒤중심선(AG)에 골선 표시

   – 재단 방향 : 요크의 수평 방향으로 식서 표시

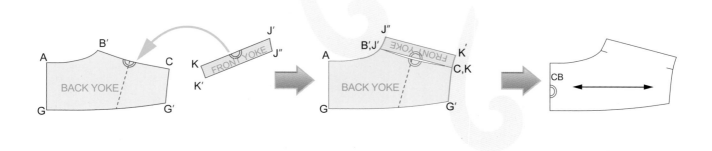

(4) 소매 패턴

① 패턴 준비 : 기본형 슬리프 패턴(루즈핏)

② 소매산 높이 수정

  – 소매산 높이(QR') : 슬리브 원형의 소매산(QR) 높이를 1.5cm 낮춘다. (QR' = QR−1.5cm)

  ※ 소매산 높이가 낮아지면 소매통이 넓어진다.

  – 점(R')에서 수평보조선 제도

③ 진동둘레선

  – 겨드랑점(S'), (T') : 소매 원형의 점(S)와 점(T)를 바깥으로 1cm, 위로 1.5cm 이동시킨 점(S')와 점(T') 표시

  – 점(S')와 점(T')를 직선으로 연결

  – 소매정점(Q), 겨드랑점(S'), 점(T')를 곡선으로 연결

  ※ 앞진동둘레곡선 = QS', 뒤진동둘레곡선 = QT'

  – 진동너치 표시 : 뒤겨드랑점(T')에서 8cm, 앞겨드랑점(S')에서 7.5cm 떨어진 곳에 너치 표시 (S'~F.N = 7.5cm, T'~B.N = 8cm)

④ 소매길이(QU') 수정

  – 점(U') : 점(U)에서 커프스 너비(5cm)만큼 올려 점(U') 표시 (QU' = QU − 5cm, UU' = 5cm)

  – 직선(VW) : 점(U')에서 그은 수평선과 점(T')와 점(S')에서 그은 수직선이 만나는 점(W)와 점(V) 표시

⑤ 커프스

  – 가로 길이 : 손목둘레 + 여유량 + 여밈단(2.5cm) = (22~24cm)

  – 세로 길이 : 5cm

  – 커프스의 밑단선은 골선으로 재단하여 겉밴드와 안밴드를 한 장으로 연결

  – 단추 위치 : 커프스의 오른쪽 끝에서 1cm 안쪽에 수직선을 표시한 후, 수직선의 중앙에 단추 위치 표시

  – 단춧구멍 위치 : 커프스의 왼쪽 끝에서 1cm 안쪽에 수직선을 표시하고, 수직선의 중앙에서 0.2cm 밖으로 이동하여 단춧구멍 길이 표시

  ※ 단춧구멍 길이 = 단추 지름 + 0.3cm

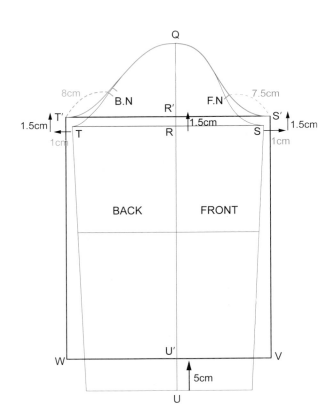

⑤ 밑단선(W'∼X∼U'∼Y∼V')
  − 점(V'), (W') : 점(V)와 점(W)에서 안쪽으로 1.5cm, 위로 0.5cm 이동한 점(V')와 점(W') 표시
  − 점(X) : 뒤소매밑단(W'U')의 이등분점에서 0.3cm 내려간 점(X) 표시
  − 점(Y) : 앞소매밑단(U'V')의 이등분점에서 0.3cm 올라간 점(Y) 표시
  − 밑단선 : 점(W'), 점(X), 점(U'), 점(Y), 점(V')를 완만한 곡선으로 연결
⑥ 옆선(S'V'), (T'W')
  − 옆선(S'∼V') : 겨드랑점(S')와 밑단끝점(V')를 직선으로 연결한 후, 안쪽으로 0.5cm 들어간 곡선으로 수정
  − 옆선(T'∼W') : 겨드랑점(T')와 밑단끝점(W')를 직선으로 연결한 후, 안쪽으로 0.5cm 들어간 곡선으로 수정

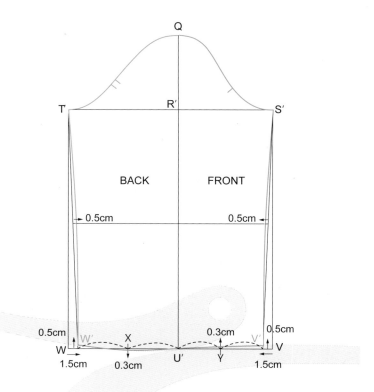

⑦ 소매 트임(ZZ') : 뒤소매밑단 끝(W')에서 7cm 떨어진 점(Z)에 8cm 길이의 소매 트임(ZZ')를 표시 (W'Z = 7cm, ZZ' = 8cm)

⑧ 주름 분량(ab), (cd)

- 주름 분량(★×2) = {소매밑단둘레(W'V') – 바이어스 폭(0.5~0.7cm)} – 커프스 길이(22~24cm)

- 첫 번째 주름(ab) : 점(Z)에서 3cm 떨어진 곳에 점(a)를 표시하고, 점(a)에서 주름 분량(★)만큼 떨어진 곳에 점(b)를
  표시 (Za = 3cm, ab = ★)

- 두 번째 주름(cd) : 점(b)에서 2.5cm 떨어진 곳에 점(c)를 표시하고, 점(c)에서 주름 분량(★)만큼 떨어진 곳에 점(d)를
  표시 (bc = 2.5cm, cd = ★)

⑨ 트임 덧단(플라켓, Placket)

- 가로길이 : 바이어스폭(0.5~0.7cm)×4 = 2~2.8cm

- 세로길이 : (소매 트임 8cm + 시접 1cm)×2 = 18cm

※ 바이어스 방향으로 재단

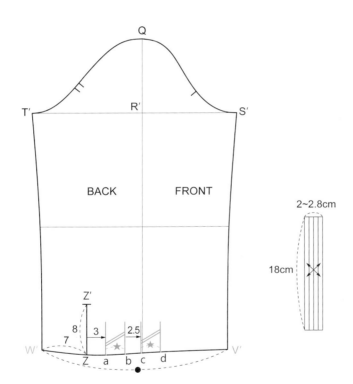

(5) 셔츠칼라 패턴

① 칼라 스탠드 기초선

– 직선(ac) : 점(a)에서 목둘레길이만큼 떨어져 점(c)를 표시하고, 직선으로 연결 (ac = ab + bc)

※ ab = 셔츠 패턴의 뒷목둘레 길이 (AB' = ★) (p.228)

※ bc = 셔츠 패턴의 앞목둘레 길이 (I'J' = ◈) (p.229)

– 직선(ad) : 점(a)에서 2.5cm 올라간 수직선 (ad = 2.5cm)

– 직선(bf) : 점(b)에서 2.5cm 올라간 수직선 (bf = 2.5cm)

– 목앞점(e) : 점(c)에서 직각으로 1.5cm 올린 점(e) 표시 (ce = 1.5cm)

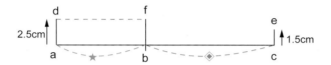

② 칼라 스탠드 제도

– 점(h) : 직선(ac)의 1/3 지점에 점(h) 표시 (ah = ac/3)

– 목둘레곡선(a~h~e) : 점(a), 점(h), 점(e)를 완만한 곡선으로 제도

– 앞중심선(eg) : 목앞점(e)에서 목둘레곡선과 직각으로 2.5cm 길이의 직선(eg) 제도 (eg = 2.5cm)

– 칼라달림선(d~f~g) : 점(d), 점(f), 점(g)를 목둘레곡선과 평행한 곡선으로 연결

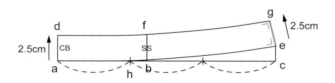

③ 칼라 스탠드 여밈단

– 앞중심선(eg)에서 1.3cm 너비의 사각형 제도 (eg = i j = 2.5cm, ei = gj = 1.3cm)

– 앞중심선의 점(g)에서 여밈단선의 점(i)까지 곡선으로 정리

– 칼라시작점(k) : 칼라 스탠드의 점(g)에서 0.2~0.5cm 안쪽으로 이동한 점(k) 표시 (gk = 0.2~0.5cm)

※ 칼라 깃과 스탠드가 연결되는 부분이 겹치지 않도록 칼라시작점(k)를 앞중심선(eg)보다 안쪽으로 이동

– 단추 : 칼라 스탠드 앞중심선(eg)의 1/2 지점에 단추 위치 표시

– 단춧구멍 : 단추의 중심에서 스탠드 끝쪽으로 0.2cm 떨어진 지점에서부터 단춧구멍 길이를 표시

※ 단춧구멍의 길이 = 단추지름(◎) + 0.3cm

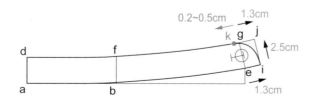

④ 칼라 기초선

- 칼라시작점(k)에서 뒤중심선(ad)까지 수평선(kl) 표시
- 점(d)와 점(l) 사이 길이를 측정 (dl = ◆)
- 점(m) : 점(l)에서 수직으로 (dl) + 1cm 올려 점(m)을 표시 (lm = ◆ + 1cm)
- 칼라밑선(m~f'~k) : 점(m)에서 점(k)까지 곡선으로 연결
- ※ 곡선(m~f'~k)는 곡선(d~f~k)와 대칭으로 그린다.
- 칼라너비(mn) : 점(m)에서 칼라너비(4.5cm)만큼 올라가 점(n) 표시 (mn = 4.5cm)
- 점(p) : 점(n)에서 그린 수평선과 점(k)에서 그린 수직선이 만나는 점(p) 표시
- 점(o) : 직선(bf)의 연장선과 직선(np)가 만나는 점(o) 표시

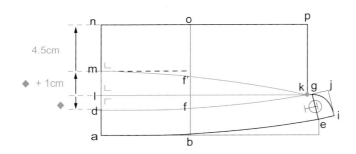

⑤ 칼라 완성

- 점(q) : 직선(np)를 2cm 연장하여 점(q) 표시 (pq = 2cm)
- 직선(kq) : 점(k)와 점(q)를 직선으로 연결
- 점(r) : 점(k)에서 직선(kq)를 따라 6~6.5cm 떨어진 점(r) 표시 (kr = 6~6.5cm)
- 칼라외곽선(nr) : 점(n)에서 점(r)까지 완만한 곡선으로 연결
- ※ 뒤중심선(mn)과 칼라외곽선(n~r)은 점(n)에서 직각을 이룬다.

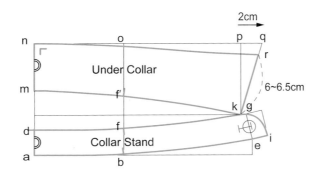

(6) 셔츠패턴 시접 정리

- 몸판옆선, 소매옆선, 셔츠밑단 : 1.5cm

- 칼라, 칼라 스탠드, 요크, 목둘레선, 진동둘레선, 소매밑단, 커프스 : 1cm

- 소매 트임 덧단 : 시접 분량 없음

- 앞여밈 안단 : 2.5cm

- 안단 시접 : 1cm

◎ 완성

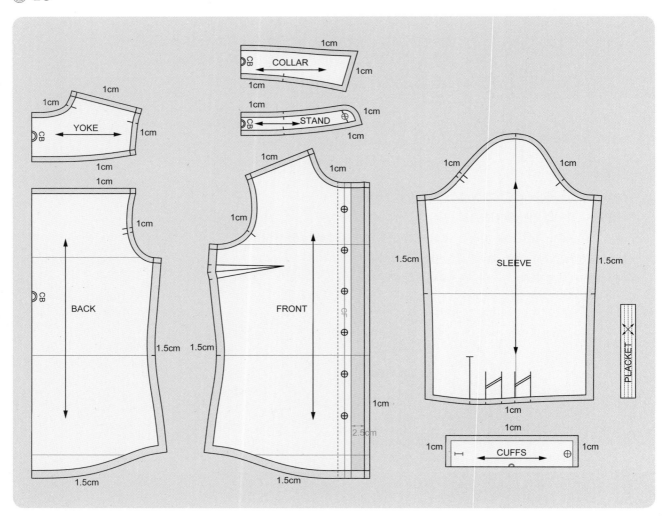

❷ 재 단

① 옷감의 경사와 위사가 직각을 이루도록 올방향을 바르
  게 맞춘다.
② 옷감의 겉과 겉이 마주 보도록 폭을 반으로 접은 후, 패
  턴을 배치한다.
  – 뒤몸판 : 접은 선(골선)에 뒤중심선을 배치한다.
  – 앞몸판 : 앞중심선을 경사 방향에 맞추어 배치한다.

– 소매 : 소매중심선을 경사 방향에 맞추어 배치한다.
– 소매 트임 덧단 : 바이어스 방향으로 배치한다.
– 칼라, 칼라 스탠드, 요크 패턴 : 뒤중심선을 위사 방향
  에 맞추어 배치한다.
– 커프스 : 커프스 밑단선을 경사 방향에 맞추어 배치한다.

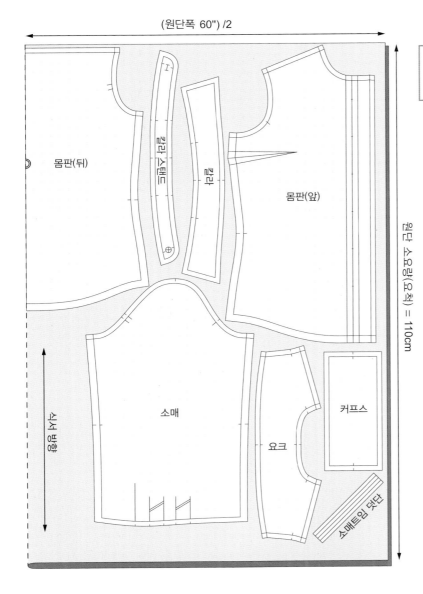

(원단폭 60") /2

원단폭 60"(150cm) 옷감의 필요량
= 앞몸판 길이 + 소매 길이

몸판(뒤)

칼라 스탠드

칼라

몸판(앞)

원단 소요량(요척) = 1110cm

식서 방향

소매

요크

커프스

소매트임 덧단

(원단폭 44") / 2

요크

소매

소매트임 덧단

커프스

몸판(뒤)

몸판(앞)

칼라 스탠드

칼라

식서 방향

원단 소요량(요척) = 160cm

원단폭 44"(110cm) 옷감의 필요량
= (앞몸판 길이 + 뒤몸판 길이) × 2/3
+ 소매 길이 + 여유량(30cm)

❸ 심지 부착

① 심지의 특징
- 옷의 형태 안정성이 필요한 부위에는 심지(Interfacing)를 부착한다.
- ※ 셔츠에서 형태 안정성을 필요로 하는 부위는 칼라, 칼라 스탠드, 커프스, 여밈단 등이다.
- 심지는 겉에서 보이지 않도록 옷감의 안쪽에 부착한다.
- 심지는 옷감에 부착하는 방법에 따라 접착 심지와 비접착 심지로 나뉜다.
- 비접착 심지(Non-adhesive Interfacing)는 바느질로 고정하며, 부착 공정이 복잡하기 때문에 임가공비가 높다. 비교적 고가의 남성용 재킷에 사용된다.
- 접착 심지(Adhesive Interfacing)는 적절한 열과 압력, 습기를 가하면 심지 표면에 도포된 수지가 녹으면서 원단에 부착된다. 가격이 저렴하고 봉제 공정이 간단하므로 널리 사용된다.

② 셔츠 심지 : 겉감 안쪽에 심지 부착
- 앞몸판의 여밈안단(좌·우)
- 안칼라
- 겉칼라 스탠드, 안칼라 스탠드
- 커프스(좌·우)

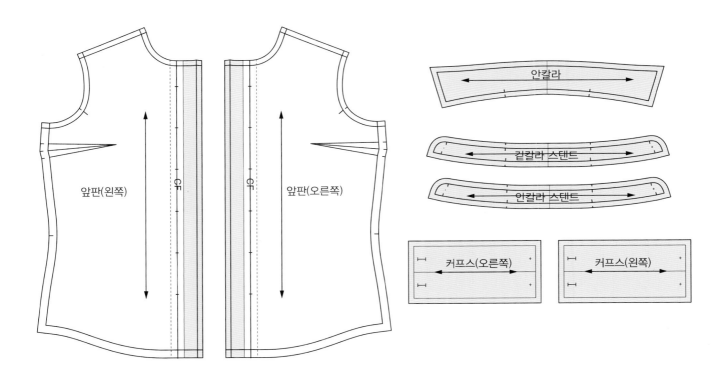

❹ 셔츠 봉제

STEP 1 앞여밈단 봉제

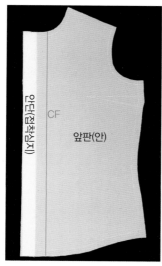

- 앞판의 여밈단 안단(안쪽)에 접착 심지를 부착한다.
- 안단을 안으로 접어서 다린다.
- 안단의 접은 선에서 0.2~0.3cm 안쪽 선을 상침한다.

STEP 2 앞판 다트 봉제

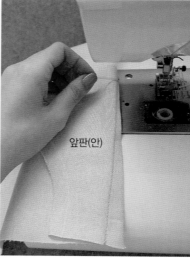
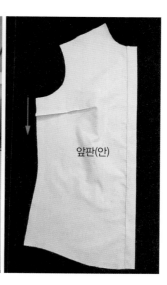

- 다트선을 다트포인트에서 시작하여 시접 끝까지 봉제한다.
- 다트포인트에서는 되돌아박기를 하지 않고, 밑실과 윗실을 충분히 길게 남긴다.
- 봉제가 끝나면, 윗실과 밑실을 같이 묶어 풀리지 않게 매듭을 진다.
- 다트의 시접을 아래쪽으로 향하게 접은 후 다린다.

STEP 3 뒤요크선 봉제

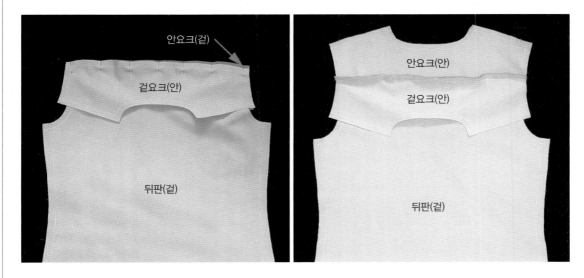

- 뒤판(겉)을 겉요크(겉)와 안요크(겉) 사이에 끼운 후 핀으로 고정한다.

※ 겉요크와 안요크의 겉면을 서로 마주 놓은 사이에 뒤판을 끼워놓는다.

- 요크선을 따라 3겹의 옷감을 한번에 봉제한다.
- 봉제 후 시접에 가윗밥을 넣는다.
- 겉요크와 안요크의 안쪽 면이 서로 마주보도록 뒤집어 시접이 요크 안에 놓이도록 정리한다.

※ 옷감이 두꺼운 경우, 뒤요크선 안의 시접이 투박할 수 있으므로 안요크의 시접을 0.5cm 짧게 잘라 정리한다.

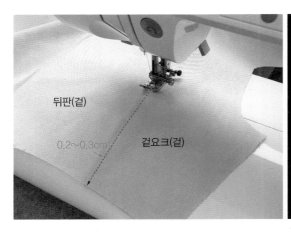
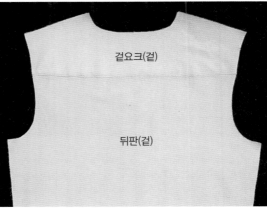

- 겉요크와 안요크 완성선을 맞추어 다린다.
- 겉면쪽 완성선에서 0.2~0.3cm 떨어진 곳을 상침한다.

STEP 4 앞요크선 봉제

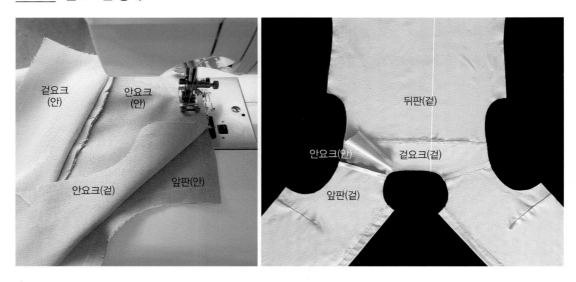

- 앞판의 안쪽 면과 안요크의 겉쪽 면을 맞춘 상태에서 어깨선을 봉제한다.
- 봉제 후 시접이 요크 안쪽으로 놓이게 다린다.

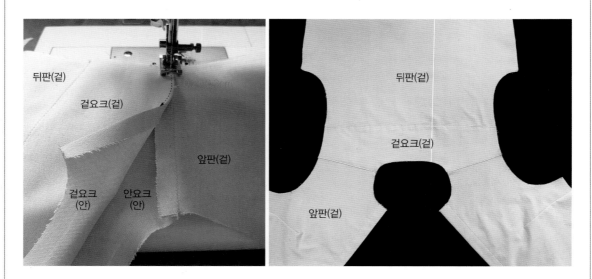

- 겉요크의 어깨선 시접을 안쪽으로 접어 다린다.
- 시접을 접어 다린 겉요크의 완성선을 안요크의 봉제선 위에 맞춘 후, 겉요크의 완성선에서 0.2~0.3cm 떨어진 곳을 상침한다.

STEP 5 칼라 외곽선 봉제

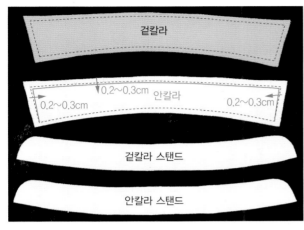
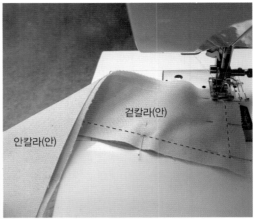

- 접착 심지 부착 : 안칼라, 겉칼라 스탠드, 안칼라 스탠드의 안쪽 면에 접착 심지를 부착한다.
- 안칼라 외곽선을 겉칼라 외곽선보다 0.2~0.3cm 작게 수정한다.
- ※ 안칼라를 겉칼라보다 0.2~0.3cm 작게 재단하면, 봉제 후 칼라 솔기선이 안칼라쪽으로 넘어가 겉칼라쪽에서 봉제선이 보이지 않게 된다.
- 겉칼라(겉)와 안칼라(겉)를 마주보게 놓은 후, 안칼라의 외곽선을 겉칼라 외곽선에 맞추어 핀으로 고정한다.
- 칼라 외곽선을 봉제한다.

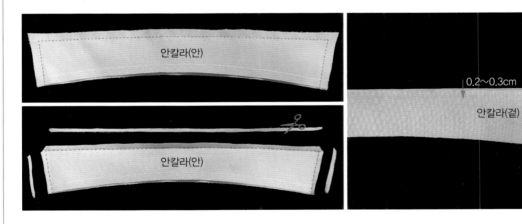

- 시접 정리 : 봉제한 칼라 외곽선 시접을 0.5cm 남기고 자른다.
- 칼라포인트 시접은 사선으로 짧게 정리한다.
- 칼라를 뒤집어 봉제선이 안칼라 쪽으로 0.2~0.3cm 넘어가게 하여 봉제선을 다린다.

STEP 6 칼라 스탠드 봉제

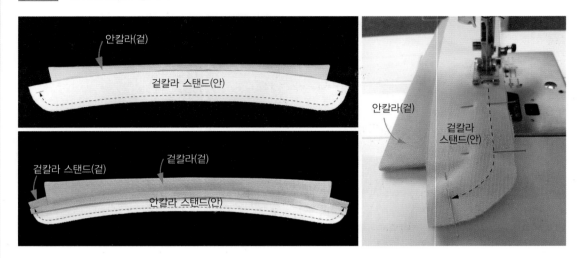

- 안칼라 스탠드의 목둘레 시접을 안쪽으로 미리 접어 다린다.
- 겉칼라 스탠드(겉)와 안칼라 스탠드(겉)를 마주보게 놓은 후, 그 사이에 완성된 칼라를 끼워 넣는다.
- 칼라의 목둘레 시접과 칼라 스탠드의 목둘레 시접을 한꺼번에 봉제한다.

※ 칼라 스탠드의 여밈단은 시접 부분을 남기고 완성선까지 봉제한다.

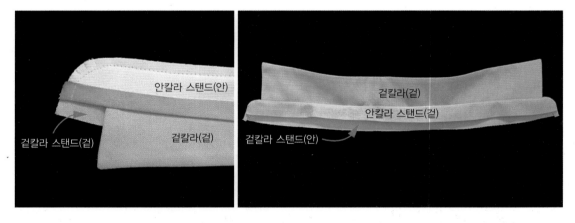

- 시접 정리 : 칼라 스탠드 시접의 곡선 부근에 가윗밥을 넣는다.
- 겉칼라 스탠드의 안쪽 면과 안칼라 스탠드의 안쪽 면이 서로 맞닿도록 칼라 스탠드를 뒤집어 정리한 후 다린다.

※ 안칼라 스탠드의 목둘레 시접은 완성선을 따라 접힌 상태이고, 겉칼라 스탠드의 목둘레 시접은 펼쳐진 상태이다.

STEP 7 칼라와 몸판 연결

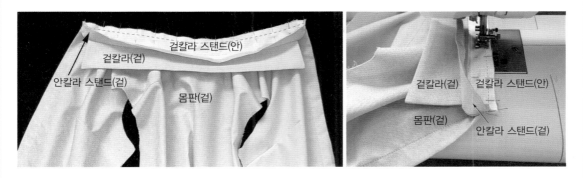

- 몸판(겉)과 겉칼라 스탠드(겉)를 맞닿게 놓고 목둘레선을 핀으로 고정한다.
- 안칼라 스탠드의 목둘레선 시접은 접힌 상태로 두고, 겉칼라 스탠드와 몸판의 완성선을 봉제한다.

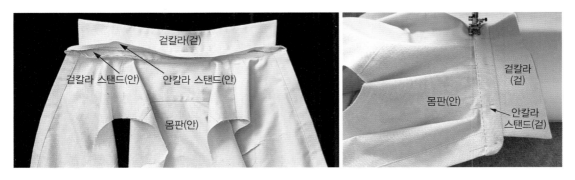

- 봉제한 목둘레선 시접에 가윗밥을 넣는다.
- 겉칼라 스탠드와 몸판 목둘레 시접이 칼라 스탠드 속에 들어가도록 뒤집는다.
- ※ 목둘레 시접이 두꺼운 경우, 시접 길이를 계단식으로 차이를 두어 정리한다.
- 미리 접어놓은 안칼라 스탠드의 목둘레 완성선을 몸판의 목둘레 완성선에 맞추어 시침 고정한다.

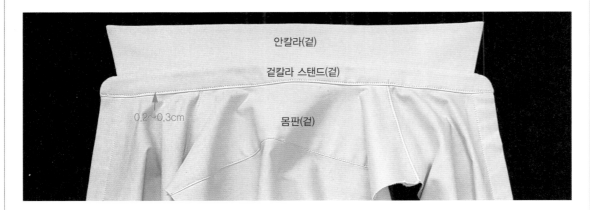

- 겉칼라 스탠드(겉)의 완성선에서 0.2~0.3cm 올라간 곳에 상침스티치가 놓이도록 칼라 스탠드와 몸판의 목둘 레선을 봉제한다.

STEP 8 소매 트임 덧단(Placket) 봉제

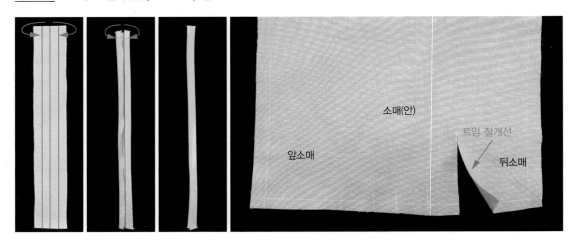

- 소매 트임 덧단의 가로 폭을 4등분한 후, 양쪽 끝 1/4 선을 중심쪽으로 접어 다린다.
- 트임 덧단 폭의 중심을 한번 더 접은 후 다려 바이어스 테이프를 만든다.
- 뒤소매의 트임선을 절개한다.

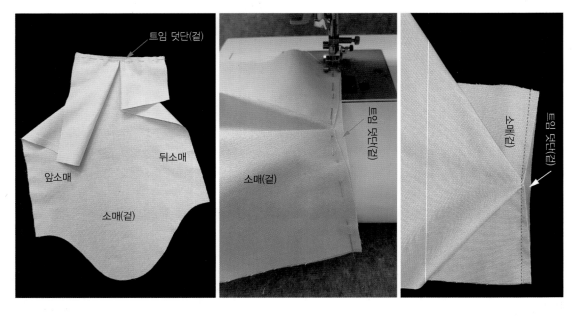

- 뒤소매의 트임 절개선을 180° 벌린다.
- 접어서 다려놓은 트임 덧단(겉)의 가장자리와 소매(안)의 트임 절개선을 맞춘다.
- ※ 트임 덧단의 1/4 선(안으로 접어 넣은 선)을 따라 핀으로 시침한다.
- 시침한 선을 따라 봉제한다.
- ※ 트임 절개선의 시접 분량은 절개선 중심에서 점차 좁아지므로 주의하여 봉제한다.

STEP 8 (계속)

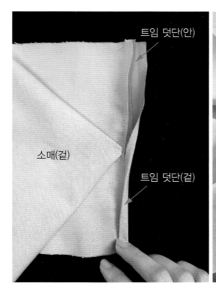 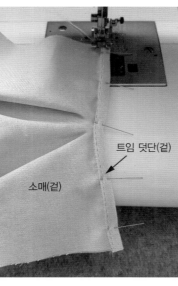 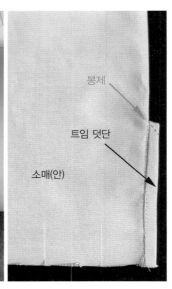

- 소매 트임의 절개선을 트임 덧단의 안쪽에 들어가도록 감싼다.
- 트임 덧단의 접은 선을 따라 봉제한다.
- 바이어스 봉제가 끝난 트임 덧단을 반으로 접은 후, 위쪽 끝을 대각선으로 박는다.

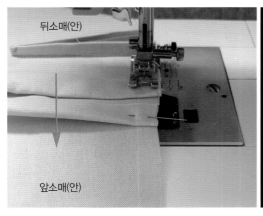 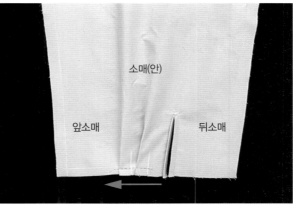

- 소매밑단의 주름선을 소매 안쪽에서 볼 때 앞소매 방향으로 향하도록 다린다.
- 주름 분량이 고정되도록 시접을 봉제한다.

STEP 9 소매 달기

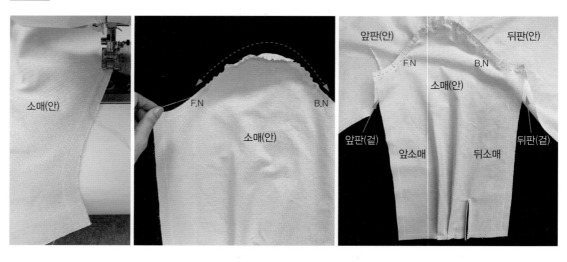

- 소매산 이즈 봉제 : 재봉틀의 땀수를 가장 크게 설정한 후, 소매 진동둘레 시접의 앞진동둘레 너치(F.N)에서 뒤
  진동둘레 너치(B.N)까지 2줄 봉제한다.
- ※ 이즈 봉제는 되돌아박기는 하지 않으며, 윗실과 밑실을 길게 남겨놓는다.
- 이즈 봉제한 2줄의 윗실을 잡아당겨, 몸판의 진동둘레선 길이와 소매의 진동둘레선 길이를 같게 만든다.
- 길이를 맞춘 후 남은 윗실과 밑실을 묶어 풀리지 않게 고정한다.

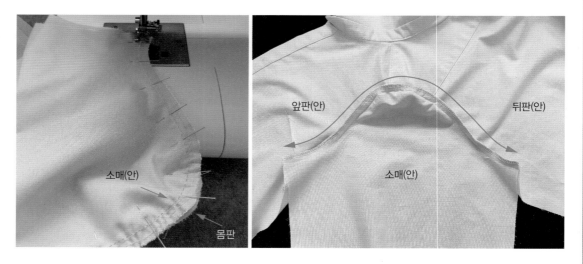

- 몸판(겉)과 소매(겉)의 진동둘레 너치를 맞추고 완성선을 핀으로 시침한다.
- 소매(안)를 위로 향하게 재봉틀 위에 놓고 진동둘레 완성선을 봉제한다.
- ※ 소매산의 이즈 봉제선에 주름이 생기지 않도록 주의하면서 봉제한다.
- 몸판과 소매의 진동둘레선 시접을 한꺼번에 오버로크로 봉제한다.

STEP 10 옆선 봉제

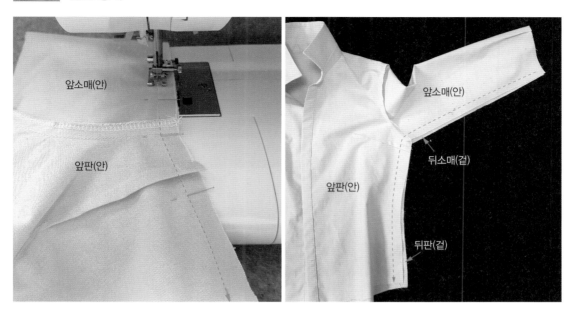

- 앞판(겉)과 뒤판(겉)의 옆선을 맞추어 핀으로 고정한다.
- 앞소매(겉)와 뒤소매(겉)의 옆선을 맞추어 핀으로 시침한다.
- 소매밑단에서 셔츠밑단을 향해 옆선을 봉제한다.
- ※ 진동둘레선의 시접은 소매쪽을 향하게 접어놓고 옆선을 봉제한다.

- 소매와 몸판의 옆선 시접을 한꺼번에 오버로크로 봉제한다.

STEP 11 밑단 봉제

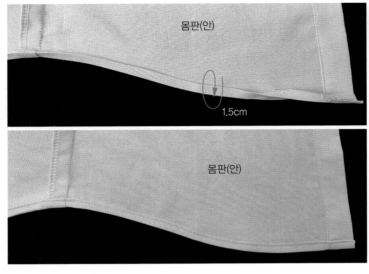

- 밑단 시접을 안으로 두 번 접은 후 다림질한다.

  ※ 셔츠 밑단 시접(1.5cm)을 완성선에 맞추어 말아서 다린다.

- 밑단 봉제 : 셔츠밑단의 접은 선 끝에서 0.2~0.3cm 떨어진 곳을 상침한다.

  ※ 곡선 부분에 주름이 생기지 않도록 주의하여 봉제한다.

STEP 12 커프스 부착

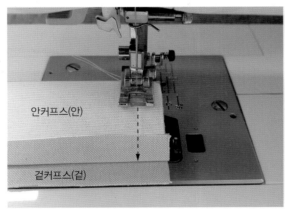

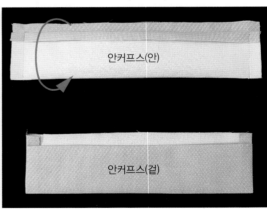

- 겉커프스의 시접은 펼치고 안커프스의 시접은 완성선을 따라 접어 다린다.

- 겉커프스(겉)와 안커프스(겉)를 골선을 따라 접은 상태에서 커프스의 양쪽 옆선을 봉제한다.

- 옆선을 봉제한 커프스를 뒤집는다.

- 커프스의 포인트 끝이 각진 형태를 유지하도록 다림질한다.

STEP 12 (계속)

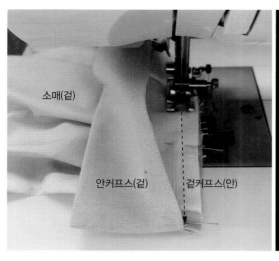 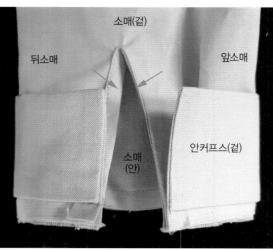

- 소매밑단(겉)과 겉커프스(겉)의 봉제선을 맞추어 핀으로 시침한다.
- 소매밑단과 겉커프스의 완성선을 봉제한다.
- 주름이 있는 앞소매쪽의 트임 덧단은 안쪽으로 접고, 뒤소매쪽의 트임 덧단은 펼친 상태로 커프스와 연결한다.

※ 트임 덧단을 접어서 봉제한 쪽 커프스에는 단춧구멍을 만들고, 트임덧단을 펼쳐 놓고 봉제한 쪽에는 단추를 단다.

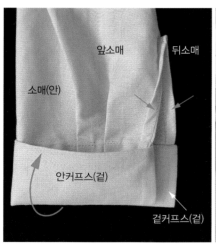 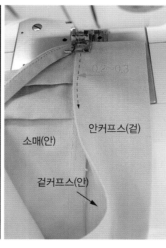 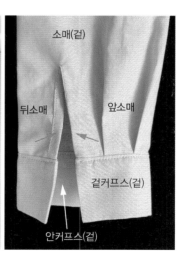

- 커프스를 뒤집어 시접을 모두 커프스 안쪽으로 넣은 후 다린다.
- 접어놓은 안커프스의 완성선을 봉제선에 맞추고 핀으로 고정한다.
- 안커프스 완성선의 끝에서 0.2~0.3cm 떨어진 곳을 상침한다.

STEP 13 단추 달기 및 단춧구멍 만들기

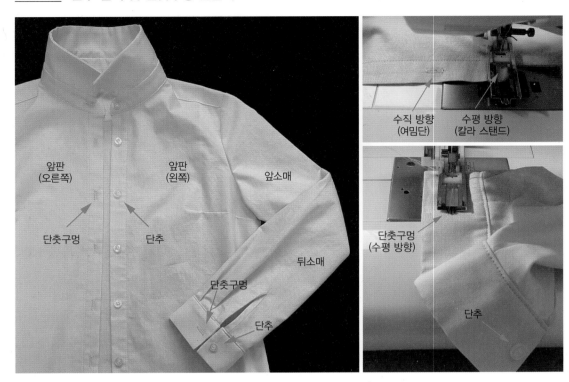

- 단추 달기 : 앞판 여밈단(왼쪽 자락)과 소매 커프스(뒤소매쪽)에 단추를 단다.
- 단춧구멍 만들기
  - 앞판 여밈단(오른쪽 자락)에 단춧구멍을 봉제한다.
  ※ 단춧구멍의 방향 : 칼라 스탠드는 수평 방향으로, 몸판은 수직 방향으로 만든다.
  ※ 단춧구멍의 크기는 단추 지름보다 0.3cm 크게 만든다.
  - 커프스 여밈단 : 앞소매쪽 커프스에 수평 방향으로 단춧구멍을 만든다.

STEP 14 완 성

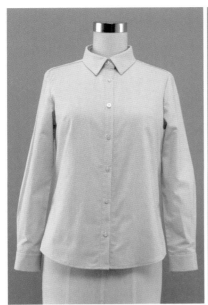

| 앞 | 옆 | 뒤 |

셔츠 봉제 순서

① 앞판 : 앞여밈단선 봉제
② 앞판 : 옆다트 봉제
③ 요크 : 뒤몸판과 요크 연결
④ 요크 : 앞몸판과 요크 연결
⑤ 칼라 : 겉칼라와 안칼라 봉제
⑥ 칼라 : 칼라와 칼라 스탠드 봉제
⑦ 몸판과 칼라 스탠드 연결
⑧ 소매 : 소매 트임과 주름 봉제
⑨ 소매 : 소매와 몸판의 진동둘레 연결
⑩ 앞판과 뒤판의 옆선 봉제
⑪ 몸판의 밑단선 말아 박기
⑫ 소매 : 커프스와 소매밑단선 연결
⑬ 단추, 단춧구멍 : 칼라 스탠드, 앞여밈단, 커프스에 단추와 단춧구멍 봉제
⑭ 완성

3. 스커트 만들기

- 허리부터 엉덩이까지 타이트한 H라인 스커트이다.
- 앞과 뒤 허리선에 각각 4개의 허리다트가 있다.
- 직선형 허리밴드와 뒤트임이 있다.
- 착용감을 높이고 비침을 방지하기 위해 안감을 부착한다.

- **준비 패턴 : 기본형 스커트 패턴**

❶ 스커트 패턴 제도

(1) 겉감 패턴

① 패턴 준비 : 기본형 스커트 패턴
② 뒤트임 : 기본형 스커트의 뒤중심선 하단에 폭 5cm, 길
  이 14.5cm, 17cm의 트임을 제도
③ 허리밴드
  – 길이 : 스커트 패턴의 허리둘레길이 + 3cm(여밈 분량)
  – 높이 : 3cm(겉밴드) + 3cm(안밴드)
  ※ 허리밴드는 바깥쪽 밴드와 안쪽 밴드를 이어서 제도한다.

④ 시접 표시
  – 옆선, 뒤트임 : 1.5cm
  – 뒤중심선 : 2cm
  ※ 앞중심선은 골선에 배치하므로 시접 분량이 없다.
  – 허리둘레선 : 1cm
  – 스커트 밑단 : 5cm
  – 허리밴드 : 1cm

◎ 완성

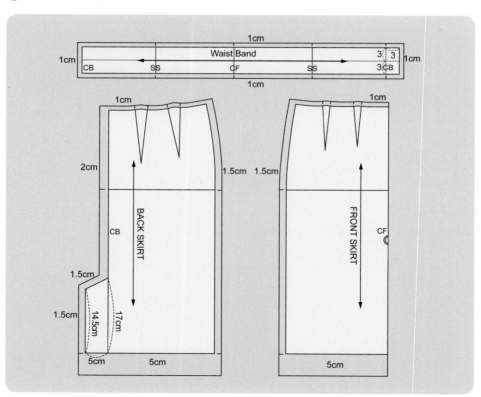

(2) 안감 패턴

- 안감(Lining)은 기능적인 역할과 미적인 역할을 한다.
- 안감의 대표적인 기능은 다음과 같다.
  - 실루엣 유지와 겉감 형태 안정
  - 보온성 증진
  - 신체 분비물(땀)로부터 겉감 보호, 옷의 내구성 향상
  - 매끄러운 안감으로 착탈의가 쉬워짐
  - 겉감 봉제선을 감추어 옷의 안쪽을 단정하게 정리
  - 정전기 방지 기능성 안감을 사용하면 착용감 향상

① 안감 뒤트임 : 안감 패턴의 뒤트임 형태는 좌·우가 다르다.
  - ※ 오른쪽은 뒤중심선에서 폭 5cm, 길이 17cm로 돌출된 형태
  - ※ 왼쪽은 뒤중심선에서 옆선쪽으로 트임 분량이 들어간 형태
② 안감 완성선
  - 겉감 패턴보다 0.2~0.3cm 더 큰 폭으로 제도
  - ※ 활동성과 착용감을 높이고 겉감 보호 목적
  - 겉감 패턴보다 3cm 짧게 제도
  - ※ 착용 후 안감밑단이 겉쪽에서 보이지 않아야 한다.

③ 시접 표시
  - 옆선, 뒤트임 : 1.5cm
  - 뒤중심선 : 2cm
  - 허리둘레선 : 1cm
  - 밑단 : 3cm

◎ 완성

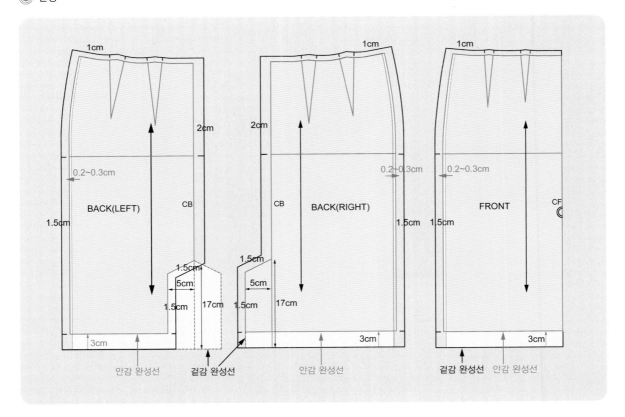

※ 교재의 그림 및 사진은 옷감의 안쪽면에 완성 패턴을 올려놓고 완성선과 시접 분량을 옮겨 그린 상태로, 겉감과 안감의 왼쪽, 오른쪽 표시들은 의복을 입었을 때 착용자를 기준으로 표시하였다.

❷ 재단

(1) 겉감 재단

① 좌·우가 연결된 형태의 스커트 앞판은 앞중심선을 골선에 배치

② 뒤지퍼 여밈이 있고, 뒤트임이 있는 스커트 뒤판은 좌·우를 분리하여 재단

③ 재단 수량 : 앞판 1장, 뒤판 2장(좌, 우), 허리밴드 1장

※ 무늬나 빛 반사 방향성이 있는 옷감은 패턴을 동일한 방향으로 배치한다.

④ 원단 소요량

60인치(150cm) 원단 : 스커트 길이 + 여유량 (30cm)
이때, 스커트 길이가 허리밴드 길이보다 짧을 경우에는
허리밴드 길이 + 여유량(10cm)

44인치(110cm) 원단 :
(스커트 길이 + 시접) × 2 + 여유량(10cm)

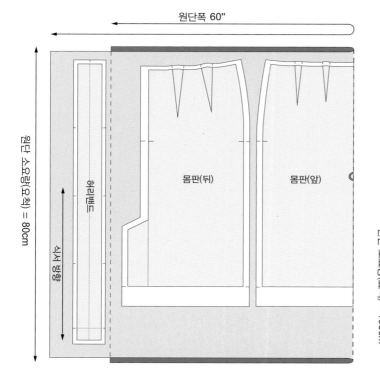

원단폭 60"

원단 소요량(요척) = 80cm

허리밴드

식서 방향

몸판(뒤)

몸판(앞)

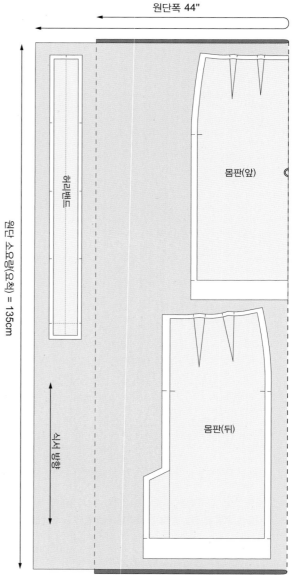

원단폭 44"

원단 소요량(요척) = 135cm

허리밴드

식서 방향

몸판(앞)

몸판(뒤)

(2) 안감 재단

① 좌·우가 연결된 스커트 앞판을 경사 방향에 맞추어 배치

② 뒤트임이 있는 스커트 뒤판은 좌·우를 분리하여 재단

③ 재단 수량 : 앞판 1장, 뒤판 2장(좌·우)

④ 원단 소요량

 44인치(110cm) 원단 : (스커트 길이 + 시접) × 2

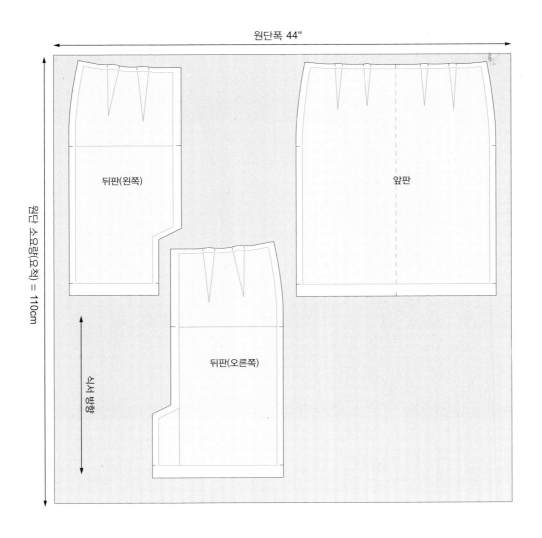

❸ 심지 부착

① 겉감 안쪽에 접착 심지를 부착한다.
- 뒤중심선의 지퍼 봉제선
- 왼쪽 뒤트임
- 오른쪽 뒤트임의 위쪽 모서리
- 허리밴드(바깥쪽 밴드)에는 벨트 심지를 부착한다.

② 안감에는 심지를 부착하지 않는다.

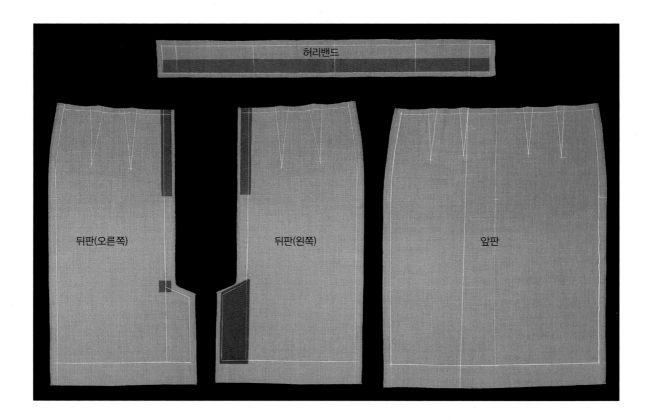

❹ 오버로크 스티치

① 겉감의 옆선, 밑단, 뒤중심선, 뒤트임에 오버로크 봉제
② 안감의 옆선, 뒤중심선, 뒤트임에 오버로크 봉제

※ 오버로크 봉제는 재단한 옷감의 가장자리 올이 풀리지 않도록 하는 역할을 한다.

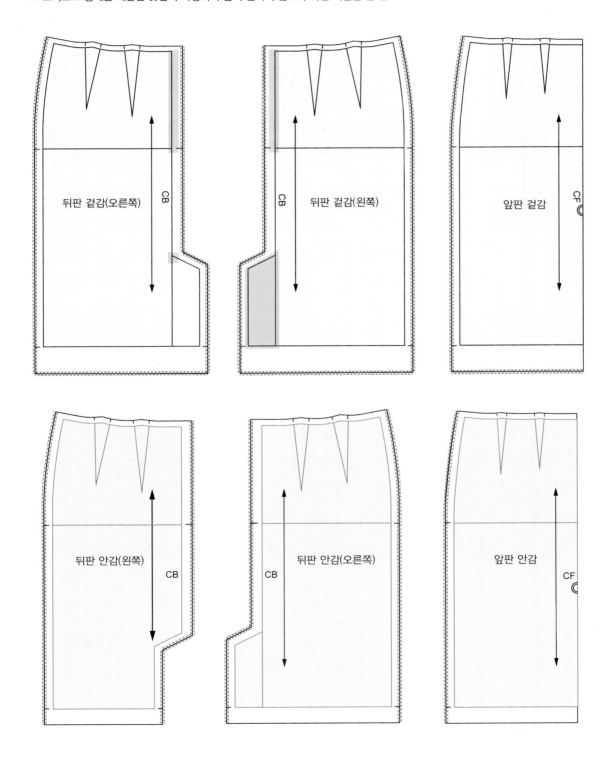

❺ 스커트 봉제

STEP 1 겉감 다트 봉제

- 앞판과 뒤판의 허리다트를 다트포인트에서 허리선을 향하여 박는다.
- ※ 다트포인트에서는 되돌아박기하지 않고, 윗실과 밑실을 길게 잘라 묶어 매듭을 짓는다.
- 봉제 후 다트 시접은 중심선 방향으로 접은 후 다린다.

STEP 2 겉감 뒤중심선과 뒤트임선 봉제

 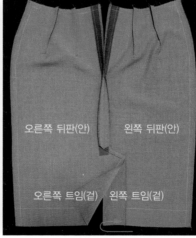 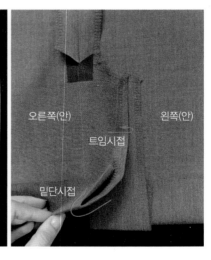

- 겉감 뒤중심선 봉제
  - 왼쪽(겉)과 오른쪽(겉)을 마주 놓고 엉덩이둘레선(지퍼 위치)부터 시작하여 뒤트임의 위쪽 완성선까지 뒤중심선을 봉제한다.
  - ※ 뒤트임 옆쪽 시접은 봉제하지 않고 남겨둔다.
  - 봉제 후 뒤트임 시접의 상단 코너에 대각선의 가윗밥을 넣는다.
- 트임과 밑단 시접 정리
  - 뒤중심선 시접을 지퍼 위치에서 뒤트임 상단 코너까지 가름솔한다.
  - 오른쪽 트임 시접 1.5cm는 접은 후 다리고, 오른쪽 트임 분량을 펼친 상태로 왼쪽 자락 위에 놓는다.
  - 밑단 시접은 완성선을 따라 안쪽으로 접어 다린다.

<u>STEP 3</u> **겉감 옆선 봉제**

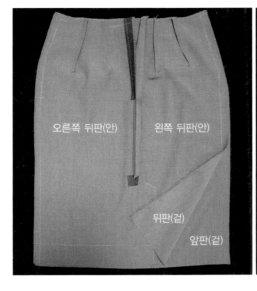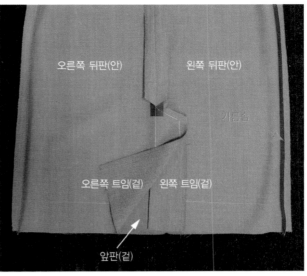

- 앞판(겉)과 뒤판(겉)을 마주 놓고 허리선부터 밑단까지 옆선을 봉제한다.
- 옆선 시접은 가름솔로 정리하여 다린다.

<u>STEP 4</u> **겉감 지퍼 봉제**

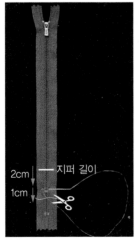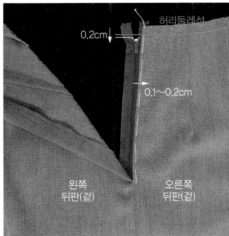

- 뒤중심선의 엉덩이둘레선에 맞춰 지퍼 길이를 조절한다.
- ※ 지퍼 길이에서 2cm 아래를 손바느질로 3~4땀 고정한다. 고정한 바느질땀에서 1cm 정도를 남기고 여분의 지퍼 길이를 잘라낸다.
- 오른쪽 뒤중심선을 따라 접어 놓은 시접을 지퍼 오른쪽 시접(겉) 위에 놓는다.
- ※ 오른쪽 뒤중심선에서 0.1~0.2cm 정도 떨어진 곳을 손바느질로 시침하여 지퍼를 임시 고정한다.
- 재봉틀의 노루발을 외발 노루발로 교체하고, 지퍼를 내린 상태에서 시침선을 따라 겉쪽에서 상침한다.

STEP 4 (계속)

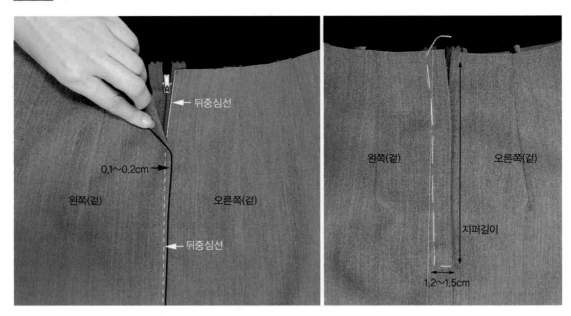

- 지퍼를 닫은 상태에서 겉감 왼쪽의 뒤중심선을 오른쪽 뒤중심선과 0.1~0.2cm 겹친 후 왼쪽 뒤중심선 시접을 다린다.
- 겉감 왼쪽 자락과 지퍼 시접을 고정시키기 위하여 뒤중심선에서 1.2~1.5cm 떨어진 곳을 시침한다.

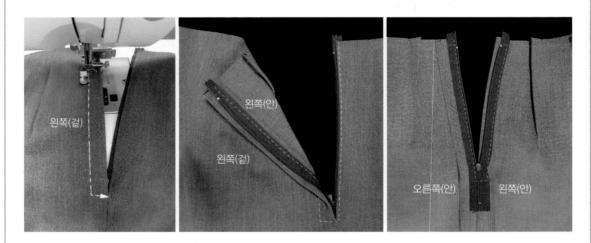

- 지퍼를 벌린 상태에서 시침선을 따라 겉쪽에서 상침 봉제한다.

STEP 5 안감 다트 봉제

- 앞판과 뒤판의 허리다트를 다트포인트에서 허리선까지 박는다.

※ 다트포인트는 되돌아박기하지 않는다.

- 다트포인트의 윗실과 밑실은 묶어 매듭을 짓는다.

- 봉제 후 다트 시접은 옆선 방향으로 접은 후 다린다.

※ 안감 다트는 겉감과 반대 방향(옆선쪽 방향)으로 접는다.

STEP 6 안감 뒤중심선 봉제

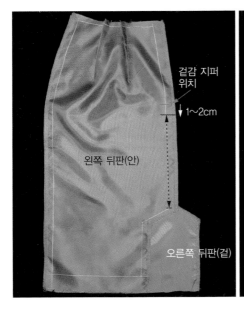

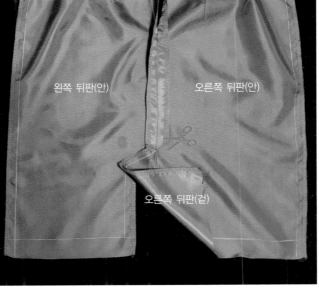

- 왼쪽(겉)과 오른쪽(겉)을 맞춘 상태에서, 겉감 지퍼 위치에서 1~2cm 내려간 위치부터 뒤트임 시작점까지 봉제한다.

- 오른쪽 뒤트임 모서리 시접 끝에 대각선의 가윗밥을 준 후 뒤중심선 시접을 가름솔한다.

- 안감 뒤트임 오른쪽 자락을 왼쪽 자락 위에 펼쳐 놓는다.

STEP 7 안감 옆선 봉제

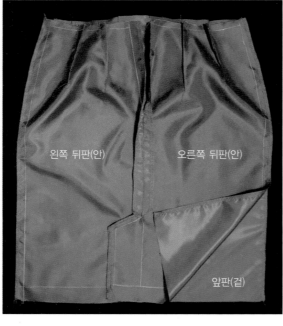 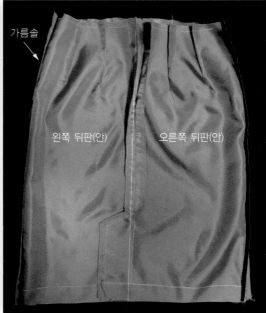

- 앞판(겉)과 뒤판(겉)을 마주 놓고, 옆선을 봉제한다.
- 옆선 시접은 가름솔로 정리한다.

STEP 8 안감 밑단 봉제

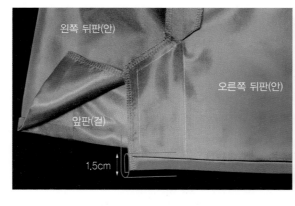 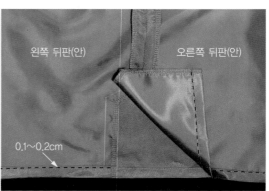

- 안감의 밑단 시접을 1.5cm 간격으로 두 번 접어서 다린다.
- 접어서 다려놓은 밑단 시접의 끝에서 0.1~0.2cm 아래를 상침한다.

STEP 9 안감 트임선 봉제

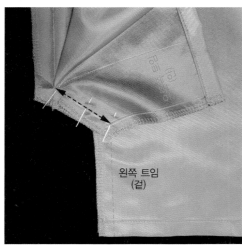
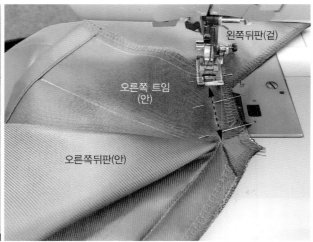

- 왼쪽 트임(겉)과 오른쪽 트임(겉)이 맞닿은 상태에서 오른쪽 자락을 위로 접어 올리고 뒤트임선의 위쪽 완성선을 핀으로 시침한다.
- 트임의 위쪽 완성선을 봉제한다.

※ 트임의 옆선 시접은 봉제하지 않는다.

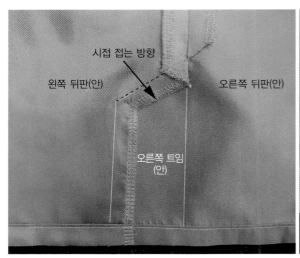
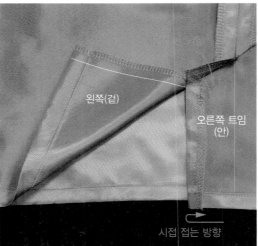

- 뒤트임의 위쪽 봉제 후 왼쪽 트임의 시접을 아래쪽으로 내려놓는다.
- 봉제하지 않고 남겨진 오른쪽 트임의 옆선 시접을 완성선을 따라 접은 후 다린다.

STEP 10 겉감과 안감 뒤트임 연결

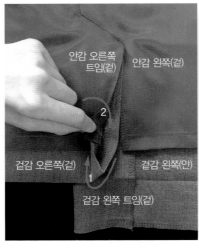  

- 겉감의 밑단 시접을 완성선을 따라 안쪽으로 접어 다린다.
- 겉감의 오른쪽 트임 시접과 밑단 시접 사이에 안감의 오른쪽 트임 시접을 끼워 넣는다.
- 겉감과 안감의 오른쪽 트임 옆선을 맞추고, 끝에서 0.1~0.2cm 안쪽을 상침한다.

※ 뒤트임 위쪽에서 겉감의 밑단 끝까지 박는다.

 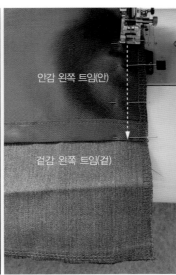 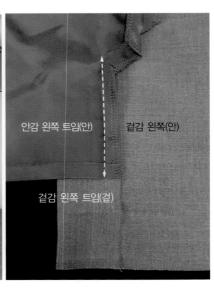

- 겉감 왼쪽 트임(겉)과 안감 왼쪽 트임(겉)을 마주 놓고 완성선을 맞추어 핀으로 시침한다.
- 시침한 완성선을 따라 겉감과 안감을 봉제한다.

※ 뒤트임 위쪽에서 안감의 밑단 끝까지 박는다. 이때, 겉감의 밑단 시접은 접지 않고 펼친 상태로 놓는다.

STEP 10 (계속)

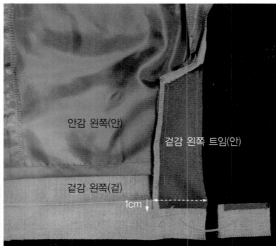

- 안감과 연결된 겉감의 왼쪽 트임 자락을 안쪽 면이 위로 드러나도록 뒤중심선을 따라 접는다.
- 겉감 왼쪽 트임 자락의 밑단 완성선을 봉제한다.
- 밑단 봉제 후, 겉감 왼쪽 트임의 밑단 시접을 1cm만 남기고 잘라낸다.

- 트임 뒤집기 : 겉감 왼쪽 트임을 겉면이 보이게 뒤집어 놓는다.

STEP 11 겉감 밑단 연결

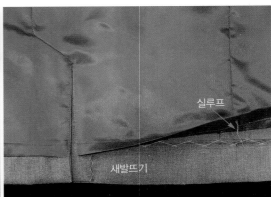

- 겉감 밑단을 손바느질(새발뜨기)로 연결한다.
- ※ 겉쪽에서 손바느질의 바느질 땀이 보이지 않도록 주의한다.
- 겉감 왼쪽 트임의 옆선을 손바느질(새발뜨기)로 연결한다.
- 3~4cm 길이의 실루프로 겉감 스커트 밑단과 안감 스커트 밑단의 옆선을 연결한다.
- ※ 실루프로 겉감과 안감을 연결하면, 착용 시 안감이 말리거나 휘감기지 않고 위치가 안정된다.

STEP 12 안감 지퍼 연결

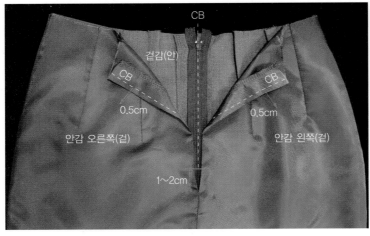
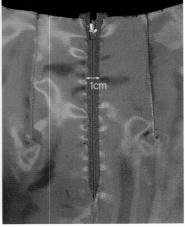

- 안감과 겉감의 안쪽 면이 서로 맞닿도록 안감 속에 겉감을 끼워 넣은 후, 허리둘레선을 맞추어 시침한다.
- ※ 겉감과 안감의 옆선, 뒤중심선, 다트선의 위치를 각각 맞춘 후 허리선을 시침한다.
- 안감의 지퍼시접은 폭을 뒤중심선보다 0.5cm 안쪽으로 더 깊게 접고, 지퍼시접 길이를 겉감보다 1~2cm 더 길게 정리한다.
- ※ 시접을 0.5cm씩 접으면 안감쪽에서 지퍼가 1cm 폭으로 노출되므로 지퍼를 열고 닫을 때 안감이 끼지 않는다.
- 안감시접의 접은 선을 따라 1~1.5cm 간격으로 안감을 지퍼에 감침질하여 고정한다.

STEP 13 허리밴드 봉제

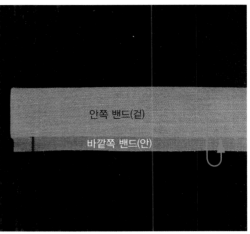

- 안쪽 허리밴드 시접 1cm를 완성선을 따라 접어 다린다.

※ 바깥쪽 허리밴드 시접은 접지 않고 펼쳐 놓는다.

- 바깥쪽 허리밴드와 안쪽 허리밴드의 겉면을 맞춘 상태에서 골선을 따라 접은 후, 허리밴드 옆선을 봉제한다.

※ 바깥쪽 허리밴드 시접은 봉제하지 않는다.

- 옆선 봉제 후 모서리를 정리한 다음, 겉면이 보이게 뒤집어 다린다.

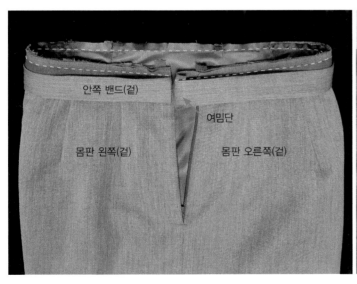

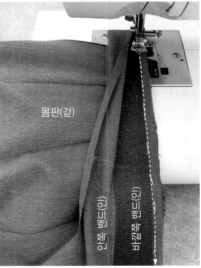

- 펼쳐 놓은 바깥쪽 허리밴드 시접을 스커트 겉감과 안감의 허리선 시접과 함께 맞춘 후, 3겹의 옷감을 완성선을 따라 시침한다.

※ 허리밴드 여밈단은 스커트 몸판의 오른쪽 자락에 놓이게 한다.

- 바깥쪽 허리밴드, 스커트 겉감의 허리선, 스커트 안감의 허리선을 시침선을 따라 봉제한다.

STEP 13 (계속)

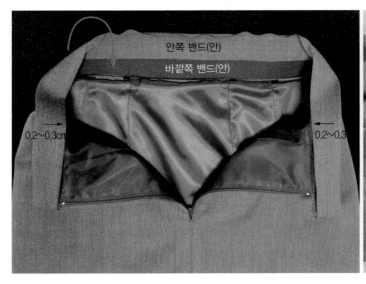

- 허리밴드로 스커트 허리선 시접을 안쪽으로 감싼다.
- 안쪽 허리밴드의 시접을 완성선보다 0.2cm 아래로 내려 다린다.
- 바깥쪽 허리밴드의 완성선을 따라 스커트 몸판과 허리밴드를 봉제한다.

※ 스커트 겉쪽에서 허리밴드의 봉제선이 보이지 않게 하려면, 먼저 연결해 놓은 바깥쪽 허리밴드와 스커트의 봉제선 사이를
  정확하게 박는다.

STEP 14 훅 앤 아이(hook & eye) 부착

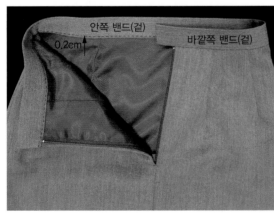

- 지퍼를 닫은 상태에서 여밈단의 겉쪽에 아이(eye)를 연결할 위치를 확인한 후 손바느질로 단다.
- 훅(hook)은 허리밴드의 안쪽 면에 아이(eye) 위치와 맞추어 단다.

※ 단추를 달 경우에는 여밈단의 겉쪽 면에 단추를, 반대쪽에 단춧구멍을 봉제한다.

STEP 15 완 성

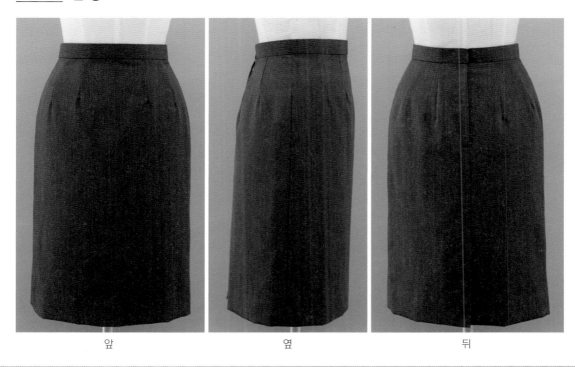

앞   옆   뒤

스커트 봉제 순서

① 겉감 : 앞판과 뒤판의 허리다트 봉제
② 겉감 : 뒤중심선과 뒤트임선을 봉제
③ 겉감 : 앞·뒤판의 옆선 봉제
④ 겉감 : 겉감의 뒤중심선에 지퍼 봉제
⑤ 안감 : 앞판과 뒤판의 허리다트 봉제
⑥ 안감 : 뒤중심선을 봉제
⑦ 안감 : 앞·뒤판의 옆선 봉제
⑧ 안감 : 밑단 시접 접어 박기
⑨ 안감 : 안감 뒤트임선 봉제
⑩ 겉감과 안감의 뒤트임선 봉제
⑪ 겉감 : 겉감 밑단 시접 봉제 후, 실루프로 겉감과 안감 연결
⑫ 안감 : 지퍼와 안감 연결
⑬ 허리밴드와 스커트 허리선 봉제
⑭ 허리밴드에 훅과 아이 연결
⑮ 완성

저자소개

천종숙

연세대학교 생활과학대학 의류환경학과(학사, 석사)
미국 University of Wisconsin-Madison(Ph.D)
(전) 복식문화학회 회장
    복식문화연구 편집위원장
(현) 연세대학교 생활과학대학 의류환경학과 교수

오설영

연세대학교 생활과학대학 의류환경학과(학사, 석사, 박사)
(전) 한성대학교 강의전담교수, 배화여자대학교 겸임교수
(현) 연세대학교 생활과학대학 의류환경학과 객원교수

패턴 활용을 중심으로 한 **의복구성**

2018년 3월 2일 초판 인쇄 | 2018년 3월 5일 초판 발행 | 2020년 2월 10일 초판 2쇄 발행
지은이 천종숙·오설영 | **펴낸이** 류원식 | **펴낸곳 교문사**

편집부장 모은영 | **책임진행** 성혜진 | **디자인** 신나리 | **본문편집** 우은영
제작 김선형 | **홍보** 이솔아 | **영업** 정용섭·송기윤·진경민
출력·인쇄 동화인쇄 | **제본** 한진제본

주소 (10881) 경기도 파주시 문발로 116
전화 031-955-6111 | **팩스** 031-955-0955
홈페이지 www.gyomoon.com | **E-mail** genie@gyomoon.com
등록 1960. 10. 28. 제406-2006-000035호
ISBN 978-89-363-1714-0(93590) | 값 24,700원